新型农民实用人才培训教材

农村社会事业管理

周晖　编著

中国农业科学技术出版社

图书在版编目(CIP)数据

农村社会事业管理/周晖编著.—北京:中国农业科学技术出版社,2011.10

ISBN 978-7-5116-0638-9

Ⅰ.①农… Ⅱ.①周… Ⅲ.①农村—社会事业—社会管理—中国 Ⅳ.①C916

中国版本图书馆CIP数据核字(2011)第190069号

责任编辑 杜新杰
责任校对 贾晓红 郭苗苗

出 版 者 中国农业科学技术出版社
北京市中关村南大街12号 邮编:100081
电 话 (010)82106638(编辑室) (010)82109704(发行部)
(010)82109709(读者服务部)
传 真 (010)82106624
网 址 http://www.castp.cn
经 销 者 各地新华书店
印 刷 者 北京富泰印刷有限责任公司
开 本 850 mm×1 168 mm
印 张 4.25
字 数 114千字
版 次 2011年10月第1版 2011年10月第1次印刷
定 价 13.00元

前　言

农业、农村、农民工作是事关改革、发展和稳定大局的重要工作。发展现代农业，推进社会主义新农村建设，关键要建设一支规模宏大、结构合理、素质优良的农村社会事业管理的人才队伍。2010年国家制定了《国民经济和社会发展十二五规划纲要》，其中的多个章节规划了我国未来农村社会的发展目标，加强对农村实用人才的有针对性的教育培训，培养一批精于管理、长于经营、勇于创新，能够带领农民群众致富，过上和谐、文明、富裕、平安的小康生活的复合型人才对实现"十二五"规划纲要的奋斗目标，保护农业生产力，促进农村经济、社会的发展具有十分重要的意义。

本书是一部关于农村社会事业管理工作的实用教材，内容涉及农村社会事业管理概述、农村党团组织建设、农村教育、文化和科技事业管理、农村医疗与卫生事业、农村社会保障管理、人口与计划生育管理、农村生态环境资源保护、村级政务管理、农村宗教事务管理等内容。通俗易懂，实例丰富，管理对策、措施实用，适合广大农村干部及农村工作者学习、培训使用，在农村管理实践中参考。

由于时间仓促及作者水平所限，错误和疏漏在所难免，恳请读者批评指正。

编　者

2011年7月

目　录

专题一　农村社会事业管理概述

一、农村社会事业的含义

社会事业是指那些以满足社会公共需要为基本目标，直接或间接为国民经济或社会生活提供服务，并且不以营利为目的的社会活动。它是衡量社会发展的重要指标，是经济发展的出发点和落脚点，我国政府提出建设和谐社会，社会事业发展的水平，社会事业的完善与否，直接关系到社会是否和谐。

农村社会事业是指面向农村全体成员，以提高农村居民文化素质，改善农村居民生活质量和生活环境为目标，为农村社会经济发展提供各种公共服务的社会活动和服务体系。

我国农村各项社会事业的发展相对滞后，人口数量还需控制，人口素质有待提高，文化、教育事业都亟待发展，农村社会事业的基础设施比较薄弱，社会保障体系还需健全，因此，如何完善农村社会事业发展的运行机制，改进农村社会事业的管理体制，优化农村社会事业管理资源的配置，加大对农村社会事业的投入，是我国建设新农村，城乡统筹的重要问题。

二、农村社会事业管理的概念、内容和特征

（一）农村社会事业管理的概念

农村社会事业管理是指政府根据农村社会经济协调发展的规划，对农村的资源、村级政务、人口、文化、教育、科技、医疗、社会保障、社会秩序等社会事业的发展进行规划、组织和控制，从而保障农村社会良性运行的社会活动。

农村社会事业管理必须根据社会经济发展的规划，制定出科

学合理的发展目标和管理机制。农村社会事业管理的责任主体是地方政府。因为地方政府作为农村公共权力的主体和农村社会事业的管理者,掌握着农村社会的资源,具备行政法规的制定权和行政执法权,所以有能力向社会提供公共产品。农村社会的参与者是广大的农村居民群众,农村社会事业管理是一项需要广大农民群众参与的系统工程。按照“地方政府主导,农民广泛参与”的原则,构建服务型政府,积极培育农村各种社会组织,让它们来承担一部分社会事业管理的职能。

(二)农村社会事业管理的内容

农村社会事业主要包括农村教育、文化和科技推广事业管理,农村医疗与公共卫生事业管理,农村社会保障管理,人口与计划生育管理,农村生态环境资源管理与公共资源管理,村级政务管理和农村宗教事务管理等。

1. 农村教育、文化和科技推广事业管理

农村义务教育的现状不容乐观,推进农村义务教育持续发展的措施,促进农村经济发展是解决农村义务教育的关键所在,加大投入,深化改革,落实国家教育发展纲要。党和政府高度重视农村劳动力转移工作。规范新型农民培训管理。完善农村文化事业,高度重视农村文化建设。促进农业科技推广事业的发展,为农业生产和农村经济的可持续发展提供动力。

2. 农村医疗与公共卫生事业管理

农村公共卫生服务是主要内容,农村卫生服务存在一些问题,农村公共卫生服务体系建设,对提高广大农民的身体素质至关重要。搞好农村新型合作医疗管理制度,应对农村突发公共卫生事件,实现国家《国民经济和社会发展十二五纲要》(以下简称《纲要》)提出“完善基本医疗卫生制度”的目标。

3. 农村社会保障管理

农村的社会保障是我国社会保障制度的重要内容。当前的农村社会保障制度主要包括了农村最低生活保障、农村五保供养、农村的养老保险制度、农村特困户定期定量救济政策、临时救济制度、灾害救济制度、农村医疗救助制度等，必须建立和完善农村社会保障制度。

4. 人口与计划生育管理

农村人口与计划生育管理管理主要包括农村人口管理和计划生育管理两方面。经过30多年的艰苦努力，人口和计划生育工作成就显著，依据《人口与计划生育法》对农村人口的生育进行专项管理。加强计划生育管理，对农村发展的作用关键。

5. 农村生态环境资源管理与公共资源管理

农村生态环境资源保护工作是农村社会事业管理的一项重要的基础性工作，农业面源污染现状比较严峻，必须加强环保组织建设，保证环保政策性资金投入，提高农村环保监管能力，加强村庄整治规划管理，促进生态保护和环境建设。发展现代农业运作模式，促进循环农业与可持续发展。

农村公共资源管理包括几方面的管理，即对农村社会全体居民的共有的土地资源管理，水资源管理，农村林地林木管理，草原资源管理，村庄公共设施和环境等，必须对农村的山水林田路等资源进行科学规划和良好管理，充分利用，发挥各自的效能，促进资源的可持续利用。

6. 村级政务管理

包括农村党团组织建设，农村“普法”宣传教育，民主选举和村民自治。增强农村基层党组织的战斗力、凝聚力和创造力，充分发挥农村基层党组织的领导核心作用，共青团要坚持引导青年为农村社会服务，把党的根本宗旨的要求具体地落实到共青团工作的实处，把广大农村青年的思想和行动引导到建设社会主义新农村上来。必须加强农村民主法治建设。新修改后的《村民委员会组织法》对村民委员会民主选举作出了新的规定。在村民自治中，广大村民是村民自治的主体。村务公开，村民行使监督权的有效途径，村务公开要经过基本程序。为了加强社会治安，维护公共秩序,保护公共财产,保障公民权利。农村信访既是公民维权的手段又是监督政府的方式,人民调解制度减少纠纷、化解矛盾。

7. 农村宗教事务管理

宗教工作是党和国家的工作中的重要组成部分,在党和国家事业发展的大局中有着重要的地位。国家宗教信仰自由政策的基本内容明确保护公民的宗教信仰自由权利,国家依法保护正常的宗教活动的开展。宗教事务规范化管理有待进一步完善,要制定加强对农村宗教事务引导和管理的措施。

(三)农村社会事业管理的特征

1. 非营利性

农村社会事业管理的目标是运用公共权力和公共资源,为农村居民的生存和发展创造条件,更好地满足农村社会的各种公共需要。它不同于工商企业管理,不以营利为目的,不追求利润和经济效益。社会事业管理更多地追求社会整体和长期的效益,例如提供给农村居民以文化教育、环境保护、基础设施等领域的投入。政府在这里充当投资的主体,需要投入大量的人力和物力,在这些领域的投入见效慢、周期长、回报率低,农村居民可以无偿享受这种服务,不需要缴纳任何费用。地方政府需要转变观念,使管理型政府转为服务型政府,努力为农村居民群众提供高质量的公共服务。不能把营利当作管理的目标,也不能滥用权力,以权谋私影响干群关系,损害人民公仆的形象和威信。

2. 强制性

社会事业管理的主体是地方政府部门,具有较大的强制性。当前我国社会事业管理的现实是,大量的行政立法,政策规章制度,都体现了一定的强制性,例如基础设施、公共服务的价格管制,技术教育、社会保障、卫生医疗服务等法律规定,都具有强制性。管理者在行使公共管理权力时,不能随心所欲,本身必须模范遵守有关的法律法规,提供自身素质,真正做到公正、公开、公平。

3. 复杂性

这是由于农村社会人口要素和社会心理要素决定的。社会事业管理涉及农村社会活动、社会关系、社会生活的方方面面，涉及农村社会各种不同的阶层，具有复杂性。例如人口管理，农村外出务工的人数多，人口流动频繁，国家对人口流动的管理，没有形成全国“一盘棋”的格局，流动人口管理的体制、机制不健全，流动人口的计划生育管理面临着极大的困难。社会事业管理的特点，决定了它不仅需要各级政府部门的协调配合，也需要农村广大居民群众的支持和参与。

此外，农村社会事业的规划还必须建立在对农村社会事业发展进行科学预测的基础上，体现出一定的前瞻性。

三、农村社会事业管理的职能

（一）计划职能

农村社会事业的计划，包括 3 个方面：一是合理地确定各项社会事业发展工作重点和目标，在速度、比例和规模方面，搞好综合平衡，各项社会事业的发展，与国民经济发展的水平，与当地村民的实际需要相适应；二是根据国民经济和农村社会发展的总体目标，来研究和制定相应的农村政策和措施，确保具体目标的实现；三是合理利用农村的人力、物力和财力，取得最佳的社会效益和经济效益。

农村社会事业的计划，也分为长期计划、中期计划和短期计划，长期计划，主要着眼于长远的公共需要和公共利益。短期计划是长期计划的具体化，主要解决农村社会事业发展中遇到的问题。农村社会事业的计划需要遵循 3 个重要原则。

1. 经济发展与农村社会事业发展相统一的原则

经济增长和农村社会发展相辅相成，经济增长是农村社会发展的基础，农村社会事业发展又是经济稳步增长的一个前提和保障，两者是相互依赖，相互促进。如果长期农村社会发展滞后于农村经济发展，那么不但不能满足农村居民的需求，实际上妨碍了经济的持续和稳定发展，因此在制定计划的时候，一定要坚持以和谐社会为最终目标，做到经济与社会的协调发展。

2. 因地制宜的原则

我国东部、中部和西部地区的农村经济发展水平不同，即使在同类地区，各个地方之间的情况也不完全一样，所以在发展农村社会事业重点，也各不相同，应该以农村为单位，因地制宜，科学制订农村社会事业发展的中、长期计划，确定农村社会事业发展的主攻方向。譬如在西部地区，农村事业的发展重点应放在人口与计划生育管理、农村卫生事务管理、宗教事务管理等方面。东部地区重点考虑的是农村社会保障管理、农村自然资源管理和村级政务管理等方面。

3. 循序渐进的原则

农村社会事业发展计划，根据国情和财力，根据农村居民对社会事业的需求程度，要区别轻重缓急，有所为有所不为。农村义务教育管理和公共医疗卫生事业必须优先发展，农村义务教育关系到农村居民的文化素质和劳动技能的提高，而公共医疗卫生事业，又关系到农村村民大众的身体健康和生命安全，所以现阶段农村社会事业发展的重点是这两方面，然后才是其他方面的推进。

(二)整合职能

在农村社会事业管理中，像教育、卫生、民政、环保、公安等领域，都掌握一定的资源，但是资源不能共享，社会事业发展重复建设，导致了我国资源不能有效配置，甚至存在着严重的资源浪费，所以，应当对各个部门、各个系统的资源进行有效的整合，发挥每个部门的资源优势，实行统一规划，集中使用，以期发挥更大的效用。采取地方配合和农村组织和农民参与的运作方式，按照农村社会事业管理的规划来组织实施。

(三)服务职能

农村社会事业是一种公共产品，主要是面向全体农村居民，为农村居民提供公共物品和劳务，具有很强的社会公益性。农村义务教育和社会保障的管理，最终目的是提高农村居民的文化素质和社会待遇。农村社会保障管理、农村自然资源管理和村级政务管理目的是改善农村居民的生产和生活的状态，为农村社会的经济发展，营造更加和谐的社会环境。

（四）控制职能

政府要发挥主导作用。地方政府根据社会事业发展的计划和有关的规范，对各项活动和行为进行引导、约束和限制。从而实现预期的目标，地方政府履行控制职能，建立有效的控制系统，制定科学的控制标准，不断地进行检查、监督，对管理过程中发生的各种行为进行引导，进行约束和调解。

四、农村社会事业管理的手段

（一）法律手段

在农村社会事业管理中，运用法律手段，在行政上引进法律的机制，依法规范行政职能、行政行为、行政程序和行政监督，提高管理主体的法律意识和依法管理的能力。对违法行为坚决查处，确保法律的权威性，使社会事业管理能够高效、有序地进行，我国农村居民法律意识不强，法律的观念比较淡薄，在推进农村民主化建设的同时，加大农村法制教育和建设的力度，将农村社会事业工作纳入到法制化的轨道。在工作中可以从 4 个方面着手，一是推进农村的立法工作，构建一个完整的法律体系，防止农村管理部门滥用职权，随意管理。近年来，我国立法部门开始重视构建农村法律体系建设，关于农业方面的法律相继出台，但还需要全方位地立法，保障农村社会管理事业发展。二是继续抓好农村的普法教育工作，2011 年是“六五”普法的开局之年，要不断加强普法教育工作，提高农村的干部群众法律观念，增强法律意识。三是建立监督机制，使管理部门和管理人员，能够及时有效地评估管理活动的结果，采取必要的措施，预防管理中可能会出现的问题。四是建立健全农村的法律援助制度,为农村弱势群体提供法律保护。

(二)行政手段

依靠政府行政组织的权力,运用政策、规定及各项条例,逐级实施管理,行政手段具有很强的权威性、针对性和有效性。注意管理决策,管理科学合理,提高领导者的视野和素质。一是必须符合客观规律,避免个人意志和官僚主义。二是掌握政府行政管理的职能,不能随意扩大行政手段的运用范围,更不能滥用行政权力。三是建立责任与考核的机制,将社会事业的各项指标,作为一个硬指标,作为为农村居民办实事的一个政绩的考核内容。四是提高领导自身的素质,改进管理的效率。

(三)经济手段

一是通过政府的财政投资和财政补贴,来影响各种农村社会事业发展的规模和速度,调节农村社会事业内部之间的比例关系,加快公共财政体系的建设,确保政府财政对社会事业支持。二是通过表彰、奖励或惩戒等手段,对农村社会事业管理的人员,进行业绩考核,根据业绩的状况,进行奖惩,更好地促进管理人员提高业务能力,改进工作方法。三是在农村社会事业管理过程中,对不服从命令,违反我们政策和法律的农村居民,进行经济处罚。四是通过多元化的筹资手段,增加农村社会事业的投入。农村社会事业的发展需要一定的资金,但我国目前的经济发展水平和国家的经济实力决定了政府不可能在短期内对农村社会事业管理有大幅度的投入。因此要进一步协调政府、社会和市场三方面的关系,来吸引社会各方面,把资金投向农村社会事业。

(四)宣传教育手段

对农村居民要进行理想、道德、文化、纪律方面的教育,同时还要进行农村社会事业知识方面的教育,加大宣传教育的力度,提高农民整体的思想政治素养和科学政治素质,使农民能够理解社会事业建设的重要性。采取一些农村居民喜闻乐见的形式,灵活地开展工作。结合实际,解决实际问题,做到精神与物质并重。

各种手段,相辅相成。在农村社会事业管理工作中,既可以使用一种手段,也可以多种手段并用,目的是促进我国农村社会事业管理获得大发展。

五、农村社会事业管理的目标

(一)依法治理农村

农村依法治理工作应合理抢抓时间,内容贴近农村实际,以适应农村生产生活需要为出发点。讲究实效,以化解农村居民中产生的纠纷,维护稳定。各级、各部门要建立共同参与,齐抓共管,常抓不懈工作机制,发挥人民调解、法律服务和法律援助机构的职能作用,利用解决民间纠纷,广泛宣传法律,有效地维护社会秩序。力求讲究实用性,以有效地推进经济建设,促进地方发展。

(二)依法规范管理,处理好国家与社会、国家和农村、国家和农民的关系

农村社会事业管理,是中国社会管理的重要内容。村民委员会的成员既是国家在农村社会事业管理者,又是农民利益的代言人。在农村社会管理中,要通过依法规范管理行为达到国家与农民之间的利益平衡,追求管理效益的最大化。既能够有效地把党的政策、国家的法律传达到农村,又要保护农村居民的利益,反映村情民意。村民委员会来实现国家法律赋予的各种自我管理和民主管理的义务和权利,在农村社会事业管理工作中,乡镇的党政机关和农村的工作干部,如何依法实施国家赋予的管理职能,同时又体现出法律赋予农村这种自治组织的管理和村民的自我管理的原则,处理好管理过程中,国家与社会、国家与农村、国家与农民之间的复杂关系,是我们农村社会事业的一个目标。

(三)提高农村干部的素质

农村社会事业管理的顺利进行,包括农村的社会治安、农村社会的稳定发展、农村的社会主义精神文明建设和民主建设,需要一大批高素质的基层干部。需要农村干部不断地学习农村社会管理知识,完善知识结构,提高工作能力,为农村社会发展,作出较大的贡献。

(四)维护农村社会秩序和农村社会稳定

管理工作需要通过科学的手段,通过人性化的方式,制订切合当地实际的管理任务,协调各个管理部门管理职能,保障农村社会管理的秩序达到稳定。

实例:创新社会管理的长效机制

近年来,山东省德州市夏津县以发扬群众路线优良传统统领全局,以创新信访工作机制为突破口,以群众工作统揽信访工作,破解信访困局,一举扭转了连续几十年"上访大县、经济小县"的落后局面,使经济和社会各项事业实现了科学发展、跨越发展、和谐发展。2011 年 7 月 1 日,夏津县群众工作部党支部被授予全国先进基层党组织。

1. 五大化解法

夏津县县委书记总结了"五大化解法"。即有据可依的政策化解法,困难群众的救助化解法,入情入理的感情化解法,"于法无据、于情有理"的变通化解法和法律援助化解法。

2. 信访工作制度化

从领导大走访、矛盾集中调解处理月的应急之举,到信访接待日、干部轮流接访、全日制接访的常态运行,逐渐走上制度化道路。把"五一"、"十一"和每月的1号(后改为20号)、10号作为县委书记、县长的固定信访接待日,面对面接待上访群众。实行县四大班子领导成员每天轮流接访制度,并向全社会公开每位领导的接访日,根据领导的工作分工,让群众自愿选择领导。10个职能部门天天有人集中在县委群众服务大厅办公,改变了过去单纯由信访部门跳独脚舞的尴尬局面。实施领导包案带头下访制度。县领导每人都承包几个积案、难案，一包到底，“变上访为下访”，尽量让百姓少跑几趟腿，并因人制宜、因事施策，对待上访老户，跳出就案办案的圈子，从关注民生、调解协商、理顺情绪入手，注意以情感化、消解老百姓心中的疙瘩。2009 年，实施“群众诉求专线”和“民情 110”制度。“民情 110”每逢紧急求援事件，快速行动，果断处置，第一时间聆听信访信息、第一时间到达事发现场、第一时间了解问题真相、第一时间化解矛盾纠纷，将矛盾化解在萌芽状态。为了杜绝信访案件“久拖不办，久办不决”的现象，实施了“三色”分级督办制度。按照信访案件的重要程度，分“绿、黄、红”3 个等级，绿色最轻，黄色次之，红色最重。督办结果与相关单位或部门考核挂钩。

3. 成立群众工作部，构建县农村三级群众工作网络

大胆创新信访机制，成立群众工作部。构建起党委、政府统一领导，以县委群众工作部为龙头，乡镇群众工作站为纽带，村级群众工作室为基础的，县农村三级群众工作网络，横向到边、纵向到底，破解“协而不调、调而不解”信访困局。

与全国大部分地方一样，以往的夏津县信访局只是县委办公室、县政府办公室下属的二级局，无职无权，多年来形成了“协而不调、调而不解”的信访困局。2008 年 5 月，夏津县组建了县委群众工作部，直接由县委书记分管，拥有协调处理权、督促督办权、通报权、处分建议权、调度权。除了由财政提供充足的办公经费外，还设立信访稳定备用金，对于因病、因灾、因紧急情况等造成生活困难的上访人员，县里财政每年拨出 200 万元进行救助，因不可预见原因造成不足的，由县财政追加，确保足额到位。在全县 15 个乡镇（街道）、开发区设立群众工作站，在 300 多个农村社区和行政村设置群众工作室，每个工作室主任都由本村的治保主任担任，还承担民事调解员和民情信息员职责。

4. 建立各项制度，确保决策得民心、顺民意

县里建立了社情民意观察员、重大决策听证、风险评估、网络意见搜集、领导干部调查研究等各项制度。近年来县里作出的 100

多项重大决策都是顺乎百姓意愿的结果。同时,根据农村信访多的实际,在全县建立起“村务公开、民主管理”制度,特别是对群众最关心、最容易引发矛盾的财务收支、宅基地分配、土地延包、计生二胎指标、公益事业、两委班子选举等问题,都是经村民议事会同意后再实施,提高了群众的知情权、参与权、监督权,初步建立起“群众说了算,干部领着干”的农村工作新机制。

专题二　农村教育、文化与科技推广事业管理

一、农村教育与培训概述

（一）人力资本和教育、培训

人力资本即对生产者进行教育、职业培训等支出及其在接受教育时的机会成本等的总和，表现为蕴含于人身上的各种生产知识、劳动与管理技能以及健康素质的存量总和。在人类所拥有的一切资源中，人力资源是第一宝贵的，也是农村社会事业管理的中心。不断提高农村人力资源开发与管理的水平，是发展农村经济的需要，也是一个地区、一个村庄长期兴旺发达的重要保证。一个新型农民只有充分开发自身潜能、才能适应社会的发展进步。

人力资本不仅包括学校的正规教育，还包括培训，使人获得一些技能的投入和训练。当前，中国教育资本投资的增长与世界其他各国相比较低，与中国的物质投资相比就更低，而且人力资本投资存在不平等现象，如地域和城乡之间的差异。一个更加平衡的教育投资会促进农村经济发展，减少长期的经济发展不平衡。不断提高人力资本的投资比重，会大大促进人才教育。

（二）教育和培训的内容

根据终身学习的观念，教育和培训应该贯穿人的一生，教育和培训的内容十分广泛。从教育的层次看，教育可以分为学前教育（幼儿园和学前班）、初等教育（小学）、中等教育（初中和高中）、高等教育（大专、本科、研究生等）。其中，在我国，小学和初中实行九年制义务教育。义务教育是指根据法律规定，适龄儿童和青少年都必须接受，国家、社会、家庭必须予以保证的国民教育。

学前教育和高中阶段以上的教育都是非义务教育，政府鼓励

所有的适龄儿童和青少年尽可能地接受各类非义务教育。中等程度以上的教育,分为普通教育和职业教育。普通的初中、高中、大学、成人高校都属于普通教育的范畴;中专、技校、职高、高职等属于职业教育范畴。培训属于提升教育。它是培训主体根据社会各用人单位的需求,培训技能型人才。培训的内容包括专业技能培训、政策和法规培训、引导性培训等。

二、农村义务教育管理

(一)义务教育的特点

义务教育作为国家的国策,应该是免费教育。2006 年《中华人民共和国义务教育法》对免费义务教育进行了明文规定,并逐步实施"两免一补"的方式予以落实。免除农村义务教育阶段学生学杂费,为贫困家庭学生免费提供教科书、补助寄宿生生活费。全国 1.5 亿农村中小学生受益,减轻了学生家长的经济负担。

1. 基础性

这种基础是指青少年的基础,而不是成人的基础,青少年是要学知识的,不在发展之前就进行生硬的训练,更不是为了考试而进行无穷无尽的题海训练,青少年应当学习他们发展需要的知识。

2. 活动性

爱动是青少年的天性,寓教于乐是青少年学习的重要方式。因此,正确的方法是,应大力倡导在非正式方式中进行知识教学,通过活动来完成教学任务。

3. 全方位性

在农村义务教育中,各种教育都应当是全面的。因此,农村义务教育应强调学校教育中各方面的协调配合,强调教育各部分的共同作用,强调教师的全面素质,也强调知识的全面贯通和教育手段的全面运用。

(二)农村义务教育管理体制

《国务院关于基础教育改革与发展的决定》(国发〔2001〕21

号)明确提出,加强农村义务教育是涉及农村经济社会发展全局的一项战略任务,各级人民政府要牢固树立实施科教兴国战略必须首先落实到义务教育上来的思想,完善管理体制,保障经费投入,推进农村义务教育持续健康发展。

1. 农村义务教育管理体制

农村义务教育实行“在国务院领导下,由地方政府负责、分级管理、以县为主”的体制。县级人民政府对农村义务教育负有主要责任,省、地(市)、乡等地方各级人民政府承担相应责任,中央政府给予必要的支持。

2. 组织农村义务教育

乡(镇)人民政府负责组织适龄儿童少年入学,减少义务教育阶段学生辍学;维护学校的治安、安全和正常教学秩序,治理校园周边环境;按有关规定划拨新建、扩建校舍所必需的土地。经济条件较好的乡(镇)要积极筹措经费,改善农村中小学办学条件,支持农村义务教育发展。继续发挥村民自治组织在实施农村义务教育中的作用。

3. 农村中小学教职工工资发放

地方各级人民政府要按照“一要吃饭,二要建设”的原则,调整财政支出结构,确保农村中小学教职工工资按时足额发放。农村中小学教职工工资要上收到县集中管理,按 2001 年国家统一规定的工资项目和标准将农村中小学教职工工资总额上划到县(实际发放数低于国家标准工资的,按实际发放数上划),并相应调整县、乡财政体制,由县按照国家统一规定的工资项目和标准,统一发放农村中小学教职工工资。

4. 农村中小学公用经费

县级人民政府要按照省级人民政府核定的农村中小学公用经费标准和定额,统筹安排。经济和财力较好的县,标准和定额可以适当提高。农村中小学公用经费资金来源除学校按规定向学生收取的杂费外,其余部分由县、乡两级人民政府预算安排。农村中小学按省级人民政府规定向学生收取的杂费,全部用于公用经费开支,不得用于教职工工资、津贴、福利、基建等开支,不得用于平衡财政预算,不得从中提取任何性质的调节基金;代收的书本费,由学校直接用于购买书本,不得以任何理由挤占挪用。国家扶贫开发工作重点县的农村中小学按国家有关规定实行"一费制",并严格按标准收取,不得超标。对实行"一费制"后形成的农村中小学公用经费缺口,应按省级人民政府核定的农村中小学公用经费标准和定额,在上级人民政府的转移支付资金中安排。

5. 农村中小学危房改造和学校建设的必要投入

各地要建立定期的危房勘查、鉴定工作制度和危房改造经费保障机制。县级人民政府要将新增危房的改造列入本级事业发展计划,多渠道筹措经费,确保及时消除新增危房。省、地(市)级和财力较好的县级人民政府要设立农村中小学危房改造专项资金,中央政府通过专项补助重点扶持困难地区的农村中小学危房改造,力争在较短的时期内基本消除现有农村中小学危房。实行农村税费改革试点的地区,可以通过村民自愿提供劳务等方式,支持农村中小学校舍的维护和修缮。

(三)农村义务教育的现状

中国是13亿人口的发展中大国,中华民族具有尊师重教的悠久历史和优良传统。现在中国的各级各类的学校有68万所,我们的教职工有1 600万人,在校的学生有2.6亿人,再加上非学历教育注册生有6 400万人,所以中国的教育人口超过了3亿人,这是亚洲乃至世界上最大的受教育的人群。现在全国的小学净入学率达到99%以上,初中、高中和高等教育阶段的毛入学率分别是94%、48%和19%。我国普及九年义务教育的人口覆盖率接近94%,青壮年文盲率被控制在5%以下,教育发展达到了同期中等收入国家的平均水平,这为中国建设小康社会提供了有利支持。可以说,展现在世人面前的不仅是一个蓬勃发展的中国经济,而且是一个欣欣向荣的中国教育。中国政府也正在进一步加强教育扶贫救困工作的力度和实效，中央政府每年用于资助贫困地区的教育经费达100亿人民币。1986年我国制定了《义务教育法》，至今农村教育状况得到了很大改善。但依然存在一些问题，农村义务教育环境发展滞后。师资力量薄弱，教师待遇差，教育质量无法得到保障。公用教育经费严重短缺。农村义务教育课程设置落后。

（四）推进农村义务教育持续发展的措施

1. 促进农村经济发展是解决农村义务教育的关键所在

政府要转变指导思想，制定各项有利于农村经济和社会全面发展的政策措施，废除一切与民夺利的政策，建立支持和保护农民、农业的法律政策体系，通过中央一号文件和有关通知、命令等大力改善农村和整个社会的经济环境，补农、助农，让农民拥有财富，提高农民的社会地位，享受不断提高的现代物质文化生活，保持发展经济的活力。

2. 推进农村城镇化建设，发展农村义务教育

党的十六大报告把繁荣农村经济，加快城镇化进程作为全面建设小康社会的重大任务之一。农村布局调整是根据区县撤乡并镇、建设小城镇的总体规划，按照提高办学质量和效益、方便居民求学的原则，重点建设好中心小学和乡镇初中，以教育发展推动农村城镇化进程。教育布局调整在推动农村城镇化建设中发挥了巨大作用。因此，在新时期如何在农村城镇化的进程中发展农村义务教育是农村发展面临的挑战。农村各级领导要把义务教育置于城镇化建设的整体之中，克服在教育问题上的短期行为，发展农村经济，推进城镇化进程，实现农村义务教育的高水平发展。

3. 贫困农村地区义务教育投入主体在各级政府

国务院办公厅颁发了《关于完善农村义务教育管理体制的通知》，明确提出了农村义务教育由过去的“分级办学，分级管理”走向“以县为主”的管理体制，进一步明确了农村义务教育的责任主要在县级政府。虽然，这一管理体制是农村义务教育投入主体的重心由乡镇上移到县，在一定程度上保障了农村义务教育的投入。

但是,县财政实力有限,义务教育的投入依然不足,教师工资足额发放、学校办公经费没有稳定来源。我国税费改革后,在经济发达地区,以当地的县乡级财政为主,保证义务教育的投入;在经济欠发达的贫困地区,甚至中央财政可以作为贫困农村地区义务教育投入的主体。

4. 深化农村教育改革

一是促进教学改革。农村中小学在实现国家规定的基础教育基本要求时,要紧密联系农村实际,突出农村特色。职业教育以就业为导向,成人教育以农民技能培训为重点,两者都要实行多样、灵活、开放的办学模式和培训方式,切实培养能真正服务于农村的各类人才,促进农业增效、农民增收,推动农村富余劳动力向第二、第三产业转移。利用现代远程教育手段,促进城乡优质教育资源共享;二是促进办学体制改革。各级政府要加大投入,积极发展公办教育,同时鼓励和吸引社会力量参与农村办学。农村高中阶段教育和幼儿教育,以政府投入为主、多渠道筹措资金,努力形成公办学校和民办学校共同发展的多元办学格局。三是促进农村中小学人事制度改革。科学、合理地核定和分配教师编制。保证初中骨干教师的编制。对农村教师的编制上,应该充分考虑农村教育自身的特点,适当给予农村的边远地区教师编制的优惠政策,在开齐科目的前提下,可以考虑按班级数核定教师数,保证山区学校有足够的教师编制。采取有效政策措施,鼓励城镇教师到农村任教,通过定向招生等方式培养农村教师,吸引优秀人才到西部任教。四是建立教师培训的专项经费。加强农村教师培训,一方面确保学校有一定的县级财政划拨的专项经费,另一方面教师培训的专项经费由更高一级的市政府来承担,并直接拨给学校。五是进一步建立和完善农业、科技、教育等部门的合作机制,有效统筹基础教育、职业教育和成人教育的资源,构建相互沟通、协调发展的农村教育培训网络和科技推广网络。六是精简机构,节约办公经费。随着农村教育费附加和教育集资的取消后,乡镇教委这一机构的作用也日渐削弱。因此，乡镇教委应该伴随着农村税费改革一起变革，取消乡镇教委，精简机构，节约学校有限的办公经费。七是完善对贫困学生的资助制度。对贫困生提供经济资助是提高教育机会均等程度的有效措施。根据《教育法》“国家、社会对符合入学条件、家庭经济困难的儿童、少年、青年，提供各种形式的资助”的规定。依据《义务教育法》“国家对接受义务教育的学生免收学费。国家设立助学金，帮助贫困学生就学”的规定，完善贫困生资助制度。

5. 建立部分城市教育资源为农村服务的体制

在当前条件下，政府加以政策引导，让先发展起来的城市教育资源来带动农村的发展。向农村地区培养输送合格的教师。扩大城市各类职业学校面向农村的招生，开展进城务工农民的职业技能培训。让进城务工农民的子女有书读、有学上，和城里孩子同在蓝天下共同成长进步，共享改革开放的教育成果。发达地区城市做好对贫困地区教育的对口支援工作。

（五）加快教育改革发展

我国《国民经济和社会发展十二五规划纲要》（以下简称《纲要》）第二十八章“加快教育改革发展”指出，全面贯彻党的教育方针，保障公民依法享有受教育的权利，办好人民满意的教育。按照优先发展、育人为本、改革创新、促进公平、提高质量的要求，推动教育事业科学发展，提高教育现代化水平。

1. 统筹发展各级各类教育

积极发展学前教育，学前一年毛入园率提高到85%。巩固九年义务教育普及成果，全面提高质量和水平。基本普及高中阶段教育，推动普通高中多样化发展。大力发展职业教育，加快发展面向农村的职业教育。

2. 大力促进教育公平

合理配置公共教育资源，重点向农村、边远、贫困、民族地区倾斜，加快缩小教育差距。促进义务教育均衡发展，统筹规划学校布局，推进义务教育学校标准化建设。实行县（市）域内城乡中小学教师编制和工资待遇同一标准，以及教师和校长交流制度。取消义务教育阶段重点校和重点班。新增高校招生计划向中西部倾斜，扩大东部高校在中西部地区招生规模，创新东西部高校校际合作机制。改善特殊教育学校办学条件，逐步实行残疾学生高中阶段免费教育。健全国家资助制度，扶助经济困难家庭学生完成学业。

3. 全面实施素质教育

遵循教育规律和学生身心发展规律，坚持德育为先、能力为重，改革教学内容、方法和评价制度，促进学生德智体美全面发展。建立国家义务教育质量基本标准和监测制度，切实减轻中小学生课业负担。全面实施高中学业水平考试和综合素质评价，克服应试教育倾向。实行工学结合、校企合作、顶岗实习的职业教育培养模式，提高学生就业的技能和本领。全面实施高校本科教学质量和教学改革工程，健全教学质量保障体系。完善研究生培养机制。严格教师资质，加强师德师风建设，提高校长和教师专业化水平，鼓励优秀人才终身从教。

三、劳动力转移培训管理

（一）农村劳动力转移培训概述

农村劳动力转移培训，是指对需要转移到非农产业就业的农村富余劳动力开展培训，以提高农民的素质和技能，加快农村劳动力转移就业。培训包括职业技能培训和引导性培训，以职业技能培训为主。培训以尊重农民意愿和农民直接受益为前提，以市场运作为基础，以转移到非农产业就业为目标。自 2003 年以来，我国陆续出台了一系列促进农村劳动力转移就业培训的政策方针，极大地促进了全国农村劳动力转移培训的发展。主要有扶贫系统组织实施“雨露计划”，劳动部门组织实施“技能就业培训工程”，共青团组织实施“青春富康行动”，妇联组织实施“万名巾帼家政服务计划”，科技部门组织实施“农民星火科技培训计划”，农业部等六部委共同组织实施的“阳光工程”——农村劳动力转移培训。

1. 雨露计划

为进一步提高贫困人口素质，增加贫困人口收入，加快贫困地区社会主义新农村建设、构建和谐社会的步伐，国务院扶贫开发领导小组办公室决定在贫困地区实施“雨露计划”。“雨露计划”以政府主导、社会参与为特色，以提高素质、增强就业和创业能力为宗旨，以职业教育、创业培训和农业实用技术培训为手段，以促成转移就业、自主创业为途径，帮助贫困地区青壮年农民解决在就业、创业中遇到的实际困难，最终达到发展生产、增加收入，最终促进贫困地区经济发展。“雨露计划”的对象主要有三类：一是扶贫工作建档立卡的青壮年农民（16～45岁）；二是贫困户中的复员退伍士兵（含技术军士，下同）；三是扶贫开发工作重点村的村干部和能帮助带动贫困户脱贫的致富骨干。“雨露计划”的总体目标是：“十一五”期间，通过职业技能培训，帮助500万左右经过培训的青壮年贫困农民和20万左右贫困地区复员退伍士兵成功转移就业；通过创业培训，使15万名左右扶贫开发工作重点村的干部及致富骨干真正成为贫困地区社会主义新农村建设的带头人；通过农业实用技术培训，使每个贫困农户至少有一名劳动力掌握1～2门有一定科技含量的农业生产技术。

2. 技能就业培训工程

2006～2008年各地贯彻国务院的文件精神，纷纷制定了适合本省实际的“农村青年技能培训工程实施方案”，以广东省为例，2006年4月开始实施“广东省百万农村青年技能培训工程”，加快农村富余劳动力培训转移就业。一是总体目标明确。2005年到2010年，组织270万名农村青年参加职业技能培训，向非农产业转移本省农村富余劳动力480万人以上，使广东省非农产业就业比重由目前的64%提高到72%。2008～2010年，每年转移本省农村富余劳动力80万人，组织55万人以上的农村青年参加转移就业前职业技能培训，其中免费培训不少于 30 万人。二是任务要求。确保培训转移就业效果。组织有就业愿望的农村青年参加职业技能培训，加快提高农村青年转移就业能力。建立培训转移就业服务体系。三是工作措施。全面调查摸底，建立完善农村劳动力资源信息库。对农村富余劳动力、贫困家庭青年劳动力和未能升学的初高中毕业生，准确掌握名单，分类造册。结合第二次全国农业普查，对农村劳动力特别是新成长劳动力的数量进行测算，科学制定本地区农村富余劳动力培训转移就业计划。整合就业服务和职业培训资源，建立农村青年培训转移就业综合服务基地。建立农村青年职业培训教学体系。建立培训与就业紧密结合的新机制，切实提高培训转移就业效果。大力开展“订单式”技能培训。提供“一条龙”转移就业服务。建立远程招聘系统和劳务派遣组织网络。完善农村富余劳动力培训转移就业扶持政策体系。积极研究解决社会保险关系转移难及农民工参保难问题。

3. 青春富康行动

青春富康行动在“十一五”期间实施。该行动旨在促进农村青年富余劳动力转移、帮助农村青年增收成才为目标，以农业产业化生产、经营技能培训和非农产业职业技能培训为重点，开发农村青年人力资源，团结带领团员青年为建设社会主义新农村建设做出贡献。培训内容和主要措施包括：农业实用技术培训。围绕农业主导产业，开展农业产业化经营新知识、新品种、新技术推广培训，帮助从事农业产业化经营的农村青年掌握生产、管理技术，提高他们的生产经营能力，培养一批农村青年农业标准化生产示范户，积极引导广大青年农民进行农业标准化生产。实施专项培训计划。以短期培训班和专题培训班为主要形式，以农村基层团的工作业务和农村实用技术为主要内容，有计划、分批次、大规模培训农村基层团干部。实施人才资助计划。实施互联共建计划。

4. 万名巾帼家政服务计划

2009 年全国妇联开始计划用 3 年时间，培训 20 万名巾帼家政服务员，建立100个全国巾帼家政培训示范基地，扶持31个全国家政服务劳务对接基地。80%以上的妇女实现了就业，各级妇联积极争取发展家庭服务业促进就业的政策资源，加大家庭服务职业技能培训力度，推进巾帼家政服务企业实现规模化、产业化发展。同时，加强对妇女合法权益的维护，完善社会化维权机制，树立一批社会信誉好、服务质量优的“妇”字号家服企业。

5. 农民星火科技培训计划

2004年科技部、农业部、劳动和社会保障部、共青团中央联合启动实施“星火科技培训专项行动”。建立培训学校，培训新型农民。以江西省九江市实施的“2010年农民星火科技培训计划”为例，重点围绕农村社会经济发展需要，按照“政府推动、部门联动、机构培训、农民受益”的思路，实行务农适用技术培训和务工就业技能培训相结合，本地创业培训与外出就业培训相结合，园区企业订单培训与农民自愿报名培训相结合的方式，着力培育一批懂技术、有技能、会经营、善管理的新型农民，为推进新农村建设和统筹城乡发展提供人才技术支撑。全年计划培训10万人，培训对象包括农村星火科技带头人、农村经纪人、农业专业合作社人员、外出务工农民工、本地园区和企业务工人员等；培训内容主要是面向重大农业项目的产业化技术培训、面向传统农业生产的现代农业技术培训、面向鄱阳湖生态经济区建设的生态农业技术培训、面向农民工就业创业的实用技能培训和面向农产品市场的农村信息化技术培训五大类，具体内容涉及农林牧副渔农业生产适用技术、非农就业实用技能、劳动安全等40多个方面。再比如：江苏省南京市高淳县“2011年县星火培训计划”培训目标为76 450人次，县星火学校计划培训6 000人次，所属8个镇培训70 450人次。培训内容有：茶园管理、吊瓜种植技术、服装加工、螃蟹养殖、水生蔬菜、林果技术培训、渔网编织、机械加工、家政服务、蘑菇种植、陶瓷、机械制造、葡萄种植、花卉苗木、建筑装潢、车工、钳工、数控、电子电工、旅游服务、计算机等项目。

6. 阳光工程

一是阳光工程是从2004年起，由政府公共财政支持，主要在粮食主产区、劳动力主要输出地区、贫困地区和革命老区开展的农村劳动力转移到非农领域就业前的职业技能培训示范项目。按照“政府推动、学校主办、部门监管、农民受益”的原则组织实施。旨在提高农村劳动力素质和就业技能，促进农村劳动力向非农产业和城镇转移，实现稳定就业和增加农民收入，推动城乡经济社会协调发展，加快全面建设小康社会的步伐。二是2010年以后的目标任务。按照城乡经济社会协调发展的要求，把农村劳动力培训纳入国民教育体系，扩大培训规模，提高培训层次，使农村劳动力的科技文化素质总体上与我国现代化发展水平相适应。三是组织领导。在国务院领导下，由农业部、财政部、劳动和社会保障部、教育部、科技部和建设部共同组织实施。成立全国阳光工程办公室，负责制定政策、综合协调和项目监管。四是培训管理。各地按照公开、公平、公正的原则，以订单培训的形式，面向社会招标确定项目实施单位。培训单位根据用工需求，制定培训计划，安排培训课程，组织开展培训和就业服务工作。

（二）农村劳动力转移培训的新形势

1. 党和政府高度重视农村劳动力转移工作

早在2003年，国务院办公厅就转发了农业部等6部门联合制定的《2003～2010年全国农民工培训规划》，组织实施了农村劳动力转移培训阳光工程；从2004年开始，中央连续下发了四个1号文件，对农村劳动力转移、培训和权益保障工作进行了部署。2006年国务院下发了《关于解决农民工问题的若干意见》，标志着农民工工作进入了一个新阶段。2007年7月份召开的全国农业厅局长座谈会上谈了六个关于发展现代农业的问题，第一个问题就是农村劳动力转移问题。这些政策措施有力地改善了农民进城务工就业的外部环境，加快了农村劳动力转移的步伐。党的十七大，对今后一个时期我国经济和社会发展战略做出了重大部署，胡锦涛总书记在报告中明确提出要优先发展教育，建立人力资源强国；要健全面向全体劳动者的职业教育培训制度，加强农村富余劳动力转移就业培训。

2. 农村劳动力供求关系出现了新的变化

2006 年进城务工农民有 1.19 亿人，在乡镇企业就业的 1.48 亿人，扣除重复计算部分，农村转移劳动力 2.1 亿人左右。根据推算，全国农村劳动力富余总量大约 9 000 万人，比 20 世纪 90 年代末估算的 1.5 亿富余量减少 6 000 万人左右。2007 年上半年，外出农村劳动力同比又增加了 867 万人，增长 8.1%。农村劳动力转移呈现出数量不断增加、规模逐步扩大、农村中富余劳动力的数量明显减少的趋势。从 2004 年开始，我国部分沿海地区出现了民工短缺现象，并逐步向东部其他地区和中部地区蔓延，农村劳动力阶段性供不应求的问题逐步显现，农村劳动力正在由过去的无限供给向有限供给转变，低成本的廉价劳动力逐步退出市场，劳动力价格因素在供求关系中正在发挥着越来越大的调节作用。

3. 高素质和高技能农民工严重短缺

随着我国人均 GDP 在 2003 年超过 1 000 美元以后，根据国际经验，传统产业必须考虑升级换代才会更有出路。这几年我国产业结构升级速度很快，资本有机构成发生了明显变化，对劳动力素质的要求越来越高，造成部分沿海地区出现了用工的结构性短缺现象，技术工人特别是高技能人才较为缺乏。在 2007 年上半年外出就业的农村劳动力中，接受过劳务培训的只占 19.7%，其中初次外出就业接受过培训的只占 26.2%，多数外出就业农民缺乏一技之长。虽然阳光工程到 2007 年 10 月底，累计培训了 1 125 万农民，造就了一批产业技术工人，但也只占农民工总数的 5.4%，远远不能满足现代化发展的需要。2007 年的中央 1 号文件明确提出，要适应制造业发展需要，从农民工中培育一批中高级技工。要从开发农村人力资源，促进产业结构升级，促进农民稳定转移的高度认识这个问题。

4. 农村劳动力转移区域相对集中、就地就近转移数量明显增加

2006 年进城务工农民主要由中、西部流向东部，在珠三角、长三角、环渤海地区务工的农民工占跨省流动总量的 87%。从全国阳光办的统计看，农村劳动力跨省流动主要以广东、江苏、浙江、上海、北京、山东等为目的地，分别占跨省流动总数的 35.5%、18.9%、11.6%、7.3%、6.0% 和 4.7%，反映了经济发展对劳动力等生产要素的集聚效应。另外，随着现代农业的加快发展和新农村建设的稳步推进，为农村劳动力实现就地就近转移、返乡创业或者以其他方式支持和服务新农村建设搭建了有效平台。近年来，一大批农民工在城市务工开阔了视野，提高了就业本领和技能，积累了资金，返回乡里带领乡亲建设新农村，发展农村产业，起到了很好的示范带动作用。

5. 政府对农民工的管理和服务急需创新

当前我国正处在经济体制改革、社会结构转型、政府职能转变的关键时期，2 亿多农民工的合法权益能否得到切实保障，整体素质能否得到全面提高，思想观念能否得到健康引导，对于构建和谐社会至关重要。随着农民工素质不断提高、维权意识不增增强，特别是新生代农民工逐渐成为农民工的主力后，农民工的利益诉求正在由以谋生为主向追求平等转变，维权方式由个体行为向群体行为转变，出现了一些农民工维权的群发事件和突发事件。所有这些变化都要求我们政府改变管理和服务方式，增强处理群发事件和突发事件的应对能力，更加注重农民工的利益需求，切实提高农民工的生活质量和社会地位。加大对农民工培训的投入，改进培训方式，扩大培训效果。

（三）农村劳动力转移培训工作的发展趋势

1. 政府对农村劳动力转移培训工作将会越来越重视

今后中央对农村劳动力转移培训工作将会越来越重视，经费

投入会越来越多，要有高度的责任感和使命感，树立信心、超前谋划、努力进取，不断开创农村劳动力转移培训工作新局面。

2. 多部门参与农村劳动力转移培训工作的格局将长期存在

现在，阳光工程在中央部门，六个部门分工协作、共同组织实施。除了阳光工程以外，其他一些部门也在按照各自职能积极开展农村劳动力转移培训工作，如“雨露计划”、“农村劳动力技能就业培训工程”、“万名巾帼家政服务计划”、“农民星火科技培训计划”等，为提高农民素质、促进农村劳动力转移就业发挥了不可替代的作用。形成了农村劳动力转移培训工作大合唱，共同做好利国利民的“民心工程”、“德政工程”。

3. 农村劳动力就地就近转移的比重会越来越大

从长远看，由于大中城市吸纳农村劳动力的能力日趋饱和，大量农村人口进城就业也必然会带来城市公共资源紧张和各种社会矛盾，以新农村建设为重要内容的县域经济发展将是今后农村劳动力转移就业的主要渠道。

4. 开展多层次培训是今后阳光工程发展的方向

农民是最讲实际的，农民有不同的培训需求，从当前用工需求来看，技术工人最急需、最紧缺；从促进农村劳动力转移的工作要求看，培训高技能的技术工人，让农民真正掌握一技之长，工作稳定，收入提高，才能真正实现稳定转移就业。

5. 开展农村劳动力转移培训必须建立科学合理的运行机制

招标确定培训机构，体现了公开、公正、公平的原则，可以充分利用社会上的优质培训资源，确保培训质量和转移效果；财政资金直补农民，体现了培训以农民为本的理念，通过资金直补农民，让农民直接得到实惠，可以有效减少农民的培训支出，调动农民参加培训的积极性；培训保证农民就业，实现了目的与手段的统一，以就业引导培训，可以提高培训的针对性和培训质量，促进农村劳动力的稳定和有序转移。

（四）加大工作力度，加强项目监管，进一步提高阳光工程培训质量

一是加大资金投入，提高阳光工程的补助标准。有了投入，工作开展起来就有了保证。这几年，中央对阳光工程的投入一年比一年高。新增加的资金主要用于提高补助标准，根据不同培训时间，采取不同的补助标准，重点向技术含量高的中长期培训倾斜。二是延长培训时间，增加阳光工程的技术含量。各地在培训时间安排上，既要继续办好短期培训，也要引导和鼓励更多的农民参加中长期培训，增加职业技能培训的技术含量，提高就业的稳定性。三是扩大鉴定比例，加强阳光工程质量考核。通过参加职业技能鉴定是考核培训质量的一个重要手段，各地要积极创造条件，为受训学员参加职业技能鉴定提供政策和经费支持，引导和鼓励受训学员参加职业技能鉴定。四是做好引导性培训，确保培训内容准确规范。适应农民转移就业的要求，拓宽受训农民的知识面，提高转移就业后的适应能力和自我保护能力，抓好引导性培训，确保培训质量。五是强化项目监管，狠抓制度建设和落实。加强项目实施监管，是保证阳光工程实施效果和培训质量的重要措施。

四、新型农民培训管理

（一）规范新型农民培训管理

1. 完善项目公示制度

区（县）项目领导小组办公室对项目乡镇办、培训机构、培训目标、资金补助和使用情况进行公示；项目乡镇对实施方案、培训指导计划进行公示；每个项目村统一制作公示栏对遴选确定的农民辅导员和示范农户情况进行公示。并设立公开举报电话。

2. 建立班主任制度

把每个乡镇办下辖的村设立一个教学班，由乡镇办农技站长任班主任，负责学员的组织培训、考勤及协助学员填好培训卡等工作。

3. 严格执行台账制度

建立了培训台账、指导台账和学员培训记录卡，培训指导台账写明每次办班时间、培训内容、培训方式、培训教师，培训结束后，由培训教师、农民辅导员或示范农户签字确认，台账一式两份，由培训机构和项目乡镇办各存1份。

4. 农民辅导员培训绩效考核制度

根据学员出勤情况、听课记录、课堂提问等对学员进行综合绩效考核。要求学员出满勤，做好课堂笔记。对三次以上提问回答不对的学员追加培训课时。

5. 建立合同管理和督查制度

区(县)政府的培训领导小组与培训机构签订了培训合同，培训机构与教师分别签订培训合同。培训教师包村开展集中培训、现场指导和技术服务，实行责权利挂钩。由财务、人事、纪检等部门人员组成督查小组，采取实地抽查、电话随访等方式，对教师进村培训指导的期次、时长等关键点进行监督。

6. 建立培训卡发放制度

培训机构为每个学员都发放了培训记录卡，培训卡详细记载了每次上课时间、每堂课培训内容及对授课老师的评价等。

7. 严格执行项目资金区(县)级财政报账制

在项目实施过程中，主动邀请区(县)财政局对项目资金的使用情况进行监督检查，按照省、自治区、直辖市的资金管理办法，严格控制项目资金的使用范围，做到科学、合理、有效地使用项目资金，发挥项目资金的最大效益。

8. 建立检查验收和奖励制度

培训工作结束后，经培训机构提出申请，区(县)农业局组成专家组，对培训机构的工作进行全面检查验收，并召开总结表彰大会，对“十佳农民辅导员”、“优秀农民辅导员”、优秀班主任、优秀教师进行表彰奖励。

(二)新型农民培训民生工程资金管理

1. 项目资金筹措及标准

项目资金由各级财政部门根据培训项目的种类和标准统一安排,培训补贴标准以省农委、省财政厅有关文件规定为准。

2. 项目资金的使用范围

主要用于教师的讲课费、误餐费、住宿费、交通费;培训学员的物化补贴费;学员生活补助费、住宿费、交通补贴等,其中农民创业培训食宿交通补助占人均补助标准的30%;与培训直接相关的教学耗材、培训教材(资料)、培训证书、场租、宣传等方面的支出;其他与培训项目有关的支出。不得用于培训机构的基本建设;培训条件改善;购买固定资产如汽车、电脑、打印机、相机等;其他与培训项目没有直接关系的支出。

各级新型农民培训管理部门不得在项目资金中列支项目工作经费,所需工作经费,由同级财政另行安排。

3. 项目资金拨付

项目资金实行报账制,各级财政部门实行专户管理,培训机构须建立补助资金使用明细账。财政部门按50%比例预拨培训机构项目资金,培训结束后,培训机构凭培训台账、决算和市、县(市、区)农业主管部门出具的检查验收合格证明等有关材料,到财政部门申请拨款,财政部门经严格审查核实后及时拨付余款。

培训机构要及时向财政和农委上报培训工作的进展及资金使用情况等。

4. 监督检查

各级新型农民培训监管部门、财政部门要加强对培训补助资金的监督检查,会同审计等有关部门做好审计、检查、稽查工作。

5. 法律责任

对骗取、套取、截留、挪用、贪污培训补助资金的行为,依法追究有关单位及其直接责任人的法律责任。

五、农村文化事业管理

（一）农村文化事业管理的定义

农村文化事业有广义和狭义之分，广义的农村文化事业是指体现社会主义精神文明的各种文化形态的发展和建设。包括科学、教育、文学、艺术、卫生、体育、新闻、出版、广播、影视、戏剧、文物、节庆、网络文化、旅游文化、民俗文化、对外文化交流等，也包括制定文化政策、文化发展战略，从事各种文化形态的建设活动。狭义的农村文化事业是指学术理论研究、思想道德建设、公共文化服务、文学艺术创作、新闻传媒、文化创新、民族文化保护、对外文化交流、人才队伍建设、文化发展保障措施等。

（二）农村文化事业管理的内容

1. 构建公共文化服务体系

一是建设文化基础设施，包括建设文化艺术馆、文化馆、文化站、公共图书馆等农村社会工作网络。二是开发运用现代服务手段，包括树立现代服务理念，拓宽服务领域，依靠科技的力量来提高公共文化服务水平。

2. 制定农村文化事业发展规划

农村文化事业发展规划主要包括文化事业发展的数量和质量等项内容。

3. 优化文化资源的配置

激励利用经济政策手段控制文化资源的流向，引导社会投入，加大文化产业开发力度，优化产业结构。

4. 管理文化市场行为

根据地区的具体情况，制定文化市场管理规范，管理好文化市场经营者和服务者，监督市场准入资格审查，监督市场经营者的行为，不得由违反国家法律的行为。对文化市场的产品价格进行监管。

5. 引导农民的文化消费倾向

让农民自觉选择健康的文化消费品和消费服务，使农村精神文明建设向着健康方向发展，提高农村文化水平。

（三）加强农村文化事业管理的途径

1. 加强思想认识，高度重视农村文化建设

一是正确认识和处理经济与文化的关系。农村文化建设对经济起着重大的推动作用，没有农村文化建设，也就没有农村经济的持续快速健康发展。二是农村文化建设是广义的文化建设。三是正确理解农村文化建设的深刻内涵。文化建设的直接目的是为了提供公共文化产品和公共文化服务，营造良好的文化氛围，改造和丰富农村群众的主观世界。

2. 增大对农村文化建设事业的投入力度

各级政府重视大力发展和壮大农村经济，增强农村文化建设的“造血”功能。把农村文化建设放在与城市文化建设、农村经济发展同等重要的位置，加大投入与扶持的力度。大力推进广播电视“村村通工程”。积极发展农村电影放映，继续实施农村电影放映“2131 工程”。开展农村数字化文化信息服务。推动服务“三农”出版物的出版发行。

3. 加强教育培训，提高农民的文化素质和水平

通过农村基础教育的普及、农村培训、农村职业技术教育和农函大现代远程教育工程等使农民的思想观念、道德素质、科学文化水平、民主法制意识在潜移默化中得到提高，让绝大多数农民能够有一定的文化修养，注重普及自然科学和哲学社会科学的基本知识，向农民宣传科学思想，传播科学方法，普及科技知识，培养科学精神。

4. 深化农村文化体制改革

建设一支稳定的、高素质的农村公共文化服务队伍。推行人员聘用制和岗位责任制，促进农村公共文化服务人才资源合理配置和流动，实现县文化馆、图书馆，乡镇综合文化站人员队伍稳定。

对农村文艺骨干采取多种形式的业务知识和技能培训。鼓励农民自办文化，据不完全统计，当前全国民营文艺院团已超过 6 800 家，年演出 200 万场以上，在推动文化市场发展方面发挥了重要作用。重视传统乡土文化在农村文化建设中的作用。

5. 加强农村文化设施建设

坚持以政府为主导，以乡镇为依托，以村为重点，以农户为对象，发展县、乡镇、村的文化设施和文化活动场所，构建农村公共文化服务网络。充分发挥农村中小学在开展农村文化活动方面的作用，提倡中小学图书室、电子阅览室定时就近向农民群众开放，把中小学建成宣传、文化、信息中心。对西部及其他老少边穷等地广人稀适宜开展流动服务的地区，由政府给乡文化站配备多功能流动文化车，开展灵活、多样、方便的文化服务。

六、农村科技推广事业管理

（一）农业科技推广发展基本现状

农业科技推广无论起在传统农业的发展阶段，还是在现代农业发展阶段，都是一项推动农业发展和技术进步的非常重要且富有成效的事业。长期以来，我国的农业科技推广事业有了长足的发展，为农业生产和农村经济的持续发展作出了重要贡献。

1. 建立了农业技术推广服务体系，保证了农业技术推广工作的有序进行

形成了县、乡、村多层次，多功能的农技推广服务体系。

2. 国家组织、实施的科技推广计划

如丰收计划、国家重点技术成果推广计划、星火计划等，推广一大批先进、适用的农业新技术、新品种、为农业发展作出了历史性贡献。农作物、畜、禽、渔新品种的更新换代，新技术、新机具的试验、示范和推广，使农业由传统农业逐步向现代农业过渡。以丰收计划为例，每年安排推广农、牧、渔、机等先进、适用、成熟的科学

技术。通过丰收计划项目的实施一大批先进适用的农业科学技术组装配套,大范围、大面积推广应用,促进了农牧渔业的全面增产、增收、增效。显示了“科技兴农”的巨大威力。

3. 搞好科技培训工作,提高农民科技、文化素质,为实施“科教兴农”战略打下了良好基础

各项农业技术推广机构通过广播电视讲座、现场讲授示范、科技宣传栏、技术咨询点、科技大集、重点辅导和样板示范相结合,扎实有效地抓好相关培训工作,把科学技术送到千家万户。

4. 加强执法力度,积极参与农业执法和监督管理,有效地保护了农民的切身利益

农业技术推广部门在从事农业技术推广工作的同时,积极参与农业执法和监督管理,包括动植物检疫、种子质量检验、动物防疫及其监督、农资质量监督、农业机械监理、农民负担监督、农业承包合同管理等,有效地预防了动植物病虫害传播和假种子坑农害农等事件的发生,保护了农民的切身利益和人们的身体健康。

(二)农业推广面临的问题

1. 农业推广资金投入不足和推广体系不够完善,制约着推广力度

财政除了保证工资外,就没有更多的经费投入到生产试验、示范和科技推广上,科技人员没有达到学以致用的目的。此外,推广部门与科研部门没有联结成整体,推广网络体系不完善等都制约着农技推广工作的进展。一是技术人员得不到及时的培训和进修,适应不了现代化农业的需要,二是农技推广设施、设备简陋,农技推广机构面临困境,难于科学地开展地力监测、作物养分分析、种子、肥料、农药质量检验等科技推广服务。

2. 整体上科技推广人员业务不精,知识浅薄,农民文化水平低,思想观念落后

农民对现代农业高新技术接纳能力差,基层推广人员综合素质不高,影响农业新技术成果推广转化质量。

3. 农产品质量差，价格高，市场上没有竞争优势

进入农业新阶段，尤其是加入 WTO，意味着国内农产品直接参与国际市场竞争，而我国主要农产品，由于生产成本高和品质差，不仅在国际市场竞争优势不强，在国内市场上农业产量与品质的矛盾、农民增产与增收的矛盾愈加突出，传统的农业科技推广从机制、技术上都面临挑战。

（三）农业科技推广发展的基本思路

1. 以政府农业科技技术推广为龙头，带动和引导不同层次及多种形式的农业科技推广发展

抓好国家级重大农业科技推广计划，如由农业部和财政部组织实施的“丰收计划”和“国家重点技术推广计划”。以此为龙头，带动地方各级政府的农业科技推广和新技术成果转化事业的发展，并有效地引导和推进农业领域中各种形式、机制多样的农业科技成果转化与技术服务工作。

2. 突出重大农业技术推广和关键技术成果产业化

突出重大农业技术推广和关键技术成果产业化，实现重点突破、全面带动济效益和社会效益的农业技术进行推广示范。抓好一批特色和优势明显、生产与市场需求大的关键技术项目，进行产业化开发。

3. 科学规划，加强领导，确保各项政策落实

全面建设小康社会，重点在农村，难点在农村。各级党委、政府要切实把解决好“三农”问题放在重中之重的位置，牢固树立科学的发展观和正确的政绩观，充分发挥农村基层组织作用，指导村级组织带领广大农户接受应用农业先进实用技术，增强农民增收的后劲。

4. 坚持实施大面积推广与建设科技推广示范、产业化示范基地并重发展的原则

农业科技推广示范基地建设是一项长期性任务，通过基地建设，实现技术引进、示范推广、技术培训和科技教育等综合功能。

在实施大面积技术推广同时,结合推广示范基地建设,不断提高农业科技推广体系规范化和持续发展后劲,为农业科技产业化发展提供典型样板和经验模式,培育具有竞争力的科技先导型企业。

5. 坚持技术推广与科技教育并重的原则

发挥农、科、教部门联合优势,推进农业科技推广向纵深发展。技术推广与科技教育同步发展,协调农业推广、科研、教学部门,发挥"三农"协作优势,提高农业科技推广教育的质量和水平。

6. 加强主导品种和主推技术的示范推广,充实完善示范推广报务方式

创造条件、跟踪服务、探索和完善行之有效的示范推广服务方式,使农民对新品种、新技术能够看得见、学得会、用得好。根据生产中的技术难点和薄弱环节,编写通俗易懂的技术要领和科普读本,及时免费提供农业科技示范推广资料。

7. 加强政府财政支持力度,增加农技推广资金投入

对国家重大推广计划项目继续组织实施并加大支持强度,使各类项目的资助强度有明显提高。建立农业科技推广专项基金。多渠道筹集资金,加大农技推广力度,包括利用信贷资金扶持农技推广、乡镇企业收入中以工补农资金用于农技推广、涉农企业赞助等社会集资及农业部门经营收入提成用于农技推广等。

8. 重视政策法规建设

《农业法》和《农业技术推广法》是指导农业推广的最基本法律,对稳定农技推广机构、健全农技推广体系起着至关重要的作用。还需要建立健全法规体系,逐步使农业科技产业化发展纳入法制化轨道;防止假冒种子,低质肥料,劣质农药等坑农害农现象的发生。

9. 开展多元化的农业科技培训体系,创新培训方式

加强科学普及和宣传力度,利用多种方式加快人才培训。培训一批农业专业技术人才、管理人才和农民企业家。坚持不懈地开展农民技术培训,开发农民智力,培养一批掌握并能应用现代科

技的新型农民。

10. 发展和引导农业技术市场,规范农业技术推广市场行为

加强农业技术市场建设,促进农业技术转让。通过各种媒体宣传、信息网络、新闻发布会及科技大集等促进农业技术贸易。

实例:开展创业培训,激活农民收入

粮食生产和牲猪养殖是湘乡市农村的支柱产业,也是农民收入的主要来源。为鼓励青年农民致富创业,带动当地农村经济和农业产业化发展,2008 年湘乡市农业局按照湖南省农业厅科技教育处的统一部署,在65 个新型农民科技培训示范村遴选出65 个农村有志青年和返乡农民工参加湘潭生物科技学校开展的创业培训。

(1)严格遴选参训学员。组织参训人员由湘乡市新型农民科技培训领导小组办公室具体负责。在发出遴选培训对象通知和电视上公告后,农民报名踊跃,市新型农民科技培训领导小组办公室根据村组推荐意见,组织乡镇农技站实地考察,确定参训学员 65 名。

(2)扎实开展创业培训。安排 120 个课时集中教学抓培训模块。创业意识培训模块安排 20 个课时,重点宣传解析党的惠农政策,介绍国内外农业企业发展现状和前景,了解市场动态,联系实际,分析农业创业的有利条件,规避市场风险的内外因素,激发党员的创业意识。创业能力培训模块安排 58 个课时,重点讲授种养业实用技术、计算机基础、企业管理和市场营销等实用创业技能。创业计划设计模块安排 22 个课时,重点对学员进行分类指导和咨询,选择创业项目,组织市场调查,帮助学员编制创业计划书。创业政策模块安排 20 个课时,向学员讲解中央和地方对农民创业的优惠扶持政策,让学员了解农业产业化经营和农产品品牌创建的程序,熟悉农业环境保护和农产品质量安全等方面的法律法规。

安排4个课时结合实际开展创业设计。安排60个课时组织市场考察。组织学员参观考察成功创业典型，并深入农业产业化龙头企业，熟悉企业运作过程，学员撰写考察报告，完善创业计划。

(3)切实扶持创业发展。提供创业跟踪服务。市新型农民科技培训工程办公室对创业学员定期电话联系，摸清情况，编制学员创业情况跟踪服务档案，聘请专家对学员创办的企业或生产经营实体进行诊断，建立学员与创业辅导专家的长期互动关系，扶持和指导学员创业发展。提供创业政策扶植。建立农村实用人才登记管理制度。对全市参加新型农民科技培训和创业培训的农村实用人才进行统计和整理归档，建立农村实用人才库，进行统一管理和科技培训。建立农村实用人才自主创业绿卡制度。支持农村实用人才兴办经济实体，扶持在外务工人员返乡创业，在用地、创业、科技立项、协调贷款等方面给予优惠和支持。实行农村实用人才优先录用制度。对取得创业培训结业证书和相关部门颁发的人才资格证书或技术职称的实用人才，在村、乡录用干部上优先考虑。建立年度表彰制度。

专题三　农村卫生事务管理

一、农村公共卫生服务概述

（一）农村公共卫生的含义

农村公共卫生是指为农村居民提供基本的医疗服务、防止农村居民传染疾病、保护农村环境卫生、防止农村食物中毒等事件以及对农民进行健康教育等。

农村公共卫生产品的提供者是农村医疗机构和农村医务人员，农村医疗机构由县、乡、村三级医疗机构构成。县、乡、村三级医疗卫生服务网提供了农村大部分的医疗卫生服务量。

（二）农村公共卫生服务的内容

1. 保证农村居民享有基本卫生服务

①健康教育。②健康管理。结合参加合作医疗农村居民和育龄已婚妇女两年一次的健康体检，以及儿童预防接种和体检、孕产妇系统管理和常见妇女病检查、临床诊断治疗、职业体检和健康随访服务等资料内容，及时记录在健康档案中，以户为单位，逐步形成动态的健康档案。③基本医疗惠民服务。严格执行国家规定的医药收费政策，主要收费价格上墙公布，实施住院、门诊费用清单制；合理检查、合理用药，控制医疗费用不合理增长；严格执行新型农村合作医疗制度的有关规定，控制自费药品和自费诊治项目费用，并执行事先告知制度；按规定执行有关医疗优惠措施，让利于民。④合作医疗便民服务。合作医疗制度、政策上墙公布，宣传资料入户，做好政策宣传、问题解答；未实行出院实时报销的，乡镇应制定合作医疗便民报销服务办法，由乡镇、村代办报销手续；报销

单据管理规范，报销登记本登记清楚、完整，手续齐全，报销款及时送达农户手中。

2. 保证农村重点人群享有重点服务

①儿童保健；②妇女保健；③老人和困难群体；④重点疾病社区管理。

3. 保证农村居民享有基本的卫生安全保障

公共卫生信息收集与报告。一是疫情和突发公卫事件报告。二是获得各类突发公共卫生事件（重大传染病爆发疫情、重大食物和职业中毒、环境污染事件、饮用水污染等以及其他严重影响公众健康的事件）、群体性不明原因疾病、不明原因死亡病例、重大动物疫情（如自毙鼠、鸡鸭的成批死亡、疯狗咬人等）和当地疾病预防控制机构认为需要监测和报告的其他事件的相关信息，向属地疾病预防控制机构报告。三是及时正确收集、核实、汇总和报告当地以下相关信息：掌握辖区人口出生、死亡等基础资料，每月收集整理并逐级上报。当地和外来人员基础资料收集，包括人数、居住地点、户籍、免疫规划信息等。负责早孕摸底和报告孕产妇、出生、围产儿、新生儿死亡等情况。

4. 环境卫生协管与卫生监督协查

环境卫生协管主要针对以下几项进行：①农村粪便无害化处理；②农村保洁制度；③农村饮用水水质监测。

卫生监督协查主要针对以下几项进行：①食品、公共场所卫生；②职业放射卫生；③学校卫生；④医疗机构检查。

5. 协助落实疾病防控措施

①突发公共卫生事件和甲类传染病疫情调查处理。发生地的乡镇和村配合县级有关机构开展调查，落实相关防控措施。②重点传染病监测。设监测点的乡镇、村配合疾病预防控制机构开展重点传染病监测。

二、农村公共卫生服务体系建设

(一)明确政府的公共卫生服务职责

各级政府应明确职责,加强领导,增加卫生经费投入,尤其要加大对贫困地区的扶持力度,以促进公平、提高效率为原则,严格按相关标准强化农村卫生基础建设和人力资源配置,健全农村卫生服务网络。

(二)实行多元化卫生服务提供形式

依照"农村卫生机构要以公有制为主导,鼓励多种经济成分卫生机构的发展"的精神,有效利用农村有限的卫生资源,尝试将多种经济体制的卫生机构列为公共卫生服务提供者,实行政府购买,探索多元化的卫生服务形式。

(三)完善法制,建立资质认证和准入制度

针对我国卫生事业发展形势,应尽快完善相关法律体系,推行卫生服务的法制化管理。对农村卫生机构应建立和完善卫生服务机构资质认证制度,从制度上规范卫生服务机构的筹建、设备设置、质量控制和技术标准等,促进卫生绩效的提高。

(四)完善农村社区卫生服务体系

采用农村卫生组织一体化管理,在乡镇政府的领导下,将独立分散的村卫生室、农村医生、个体医生组织起来,统一布局,纳入乡镇卫生院的管理范围。社区卫生服务与新型农村合作医疗制度有机结合,让一般的农村常见病、多发病到社区卫生服务机构进行治疗,社区卫生服务机构的医护人员严格按照社区卫生服务要求为农村居民提供医疗、保健服务。

(五)完善农村药品供应和监督体系

加大对农村药店的政策倾斜力度。因地制宜,发展多种形式的农村药品供应渠道,消除药品配送"死角"。多方参与共建农村药品供应网络。创建"服务性药品供应点",从而大大方便农民购药。整合农村医药资源，使农村药店获得和医疗机构同样的药品经营地位。积极培育健康的农村药品供应市场。

三、新型农村合作医疗管理

（一）新型农村合作医疗的定义

新型农村合作医疗，是指由政府组织、引导、支持，农民自愿参加，个人、集体和政府多方筹资，以大病统筹为主的农民医疗互助共济制度。采取个人缴费、集体扶持和政府资助的方式筹集资金。

新型农村合作医疗制度（以下简称新农合制度）是党中央、国务院为解决农村居民看病就医问题而建立的一项基本医疗保障制度，是落实科学发展观、构建社会主义和谐社会的重大举措。2003年以来，在各级政府的领导下，各有关部门共同努力，广大农村居民积极参与，新农合工作取得了显著成效。农村地区已全面建立起新农合制度，制度框架和运行机制基本建立，农村居民医疗负担得到减轻，卫生服务利用率得到提高，因病致贫、因病返贫的状况得到缓解。

（二）新型农村合作医疗的基本原则

1. 坚持政府组织引导，农村居民自愿参加的原则

新型农村合作医疗制度是由政府组织、引导、支持，农村居民自愿参加，个人、集体和政府多方筹资，以大病统筹为主的农村居民医疗互助共济制度。组织宣传，提高农村群众的健康意识和互助共济意识，使广大农村居民自觉自愿参加新型农村合作医疗。

2. 坚持体现互助共济，大病统筹为主的原则

通过实施新型农村合作医疗制度，逐步使农村居民树立风险共担、互助共济的意识。新型农村合作医疗基金按规定提取风险基金后，全部用于参合人员门诊、住院医药费报销补偿。

3. 坚持基金安全封闭运行，以收定支、略有节余的原则

加强新型农村合作医疗基金管理，确保资金安全。按照新型

农村合作医疗基金管理规定,严格做到基金收支分离,管用分开,封闭运行。坚持以收定支,收支平衡的原则,既保证制度持续有效运行,又使参合人员能够享有最基本的医疗服务,同时还要保证年度资金沉淀不过多。

4. 坚持参加人员享受同等权利的原则

符合参合条件的参合人员,只要遵守新型农村合作医疗管理制度和政策规定,履行缴费义务,都享有参加新型农村合作医疗并得到医药费用报销补偿的同等权利。

5. 坚持保障弱势人群的原则

对农村弱势人群参加新型农村合作医疗的,取消住院起付钱。住院医药费按新型农村合作医疗有关规定报销补偿后,个人负担医疗费用过高影响家庭基本生活的,由民政部门根据农村医疗救助的有关规定给予一定救助。

6. 坚持体现便民利民的原则

在保证基金安全的前提下,新型农村合作医疗医药费减免报销补偿程序和手续,力求精简,以方便群众。

(三)新型农村合作医疗的运行管理

根据卫生部、民政部、财政部、农业部、中医药局《关于巩固和发展新型农村合作医疗制度的意见》(以下简称《意见》)精神。

1. 明确目标任务,稳步发展新农合制度

《意见》要求各地逐步缩小城乡居民间基本医疗保障差距,逐步提高筹资标准和待遇水平。

2. 逐步提高筹资水平,完善筹资机制

今年新农合筹资水平要达到每人每年 100 元,2010 年开始新农合筹资水平提高到每人每年 150 元。

3. 调整新农合补偿方案,使农民群众更多受益

《意见》明确开展住院统筹加门诊统筹的地区要适当提高基层医疗机构的门诊补偿比例,扩大对慢性病等特殊病种大额门诊医药费用纳入统筹基金补偿病种范围等。

4. 加大基金监管力度,确保基金安全运行

要从基金的筹集、拨付、存储、使用等各个环节着手规范监管,保障基金安全运行,确保及时支付农民医药费用的补偿款。

5. 规范医疗服务行为,控制医药费用不合理增长

《意见》要求采取多种综合措施规范医疗服务行为,将定点医疗机构做好新农合工作纳入日常工作考核指标体系,按照规定严肃处理违规违纪行为。

6. 坚持便民的就医和结报方式,做好流动人口参加新农合的有关工作

全面实行参合农民在统筹区域范围内所有定点医疗机构自主选择就医,出院即时获得补偿的办法。探索推行参合农民在省市级定点医疗机构就医即时结报办法。同时要积极引导外出务工农民参加新农合制度,探索农民工务工城市确定新农合定点医疗机构。

7. 健全管理经办体系,提高经办服务能力

各地要建立健全各项内部管理、考核制度,继续加强管理经办人员培训,提高管理经办服务水平。

8. 加强新农合与相关制度的衔接

做好新农合与农村医疗救助制度在政策、技术、服务管理和费用结算方面的有效衔接,做好新农合、城镇居民基本医疗保险和城镇职工基本医疗保险制度在相关政策及经办服务等方面的衔接。

四、农村突发公共卫生事件管理

(一)突发公共卫生事件的含义

突发公共卫生事件(以下简称《突发事件》),是指突然发生,造成或者可能造成社会公众健康严重损害的重大传染病疫情、群体性不明原因疾病、重大食物和职业中毒以及其他严重影响公众健康的事件。突发事件应急工作,应当遵循预防为主、常备不懈的方

针，对各类可能引发突发公共卫生事件的情况及时进行分析、预警，做到早发现、早报告、早控制、早解决。贯彻统一领导、分级负责、反应及时、措施果断、依靠科学、加强合作的原则。

（二）建立健全灵敏高效的预防控制体系

形成县、乡、村三级应急机制。按照区域卫生规划的原则，合理调整农村卫生资源，建立健全县、乡、村三级医疗卫生服务体系。对现有的县、乡、村三级卫生资源进行重新组合，建立健全县、乡、村三级疾病控制、妇幼保健、健康教育、卫生监督、医疗救治等公共卫生职能。在县（区）已有疾病预防控制中心的基础上，乡镇中心卫生院设置防疫站，一般卫生院设置防疫组，村（社区）卫生所设防保员。充分发挥县、乡（镇）两级政府的职能和村委会的作用。

（三）各机构的职责

乡镇卫生院防疫站、组的职责是：负责本乡镇传染病、地方病监测、预防及控制；负责本乡镇计划免疫工作，包括疫苗管理、向各村（社区）防保员及时分配疫苗、督导检查全乡镇各村（社区）计划免疫安全接种落实情况；主要针对公益性预防、医疗、保健等农村卫生工作需要，培训农村医生，进行技术指导，开展基层卫生知识宣传普及工作；负责本乡镇疫情监测、控制和统计汇总上报；完成县（区）卫生行政主管部门和疾病预防控制中心交办的其他业务工作。

防保员的职责是：负责全村（社区）传染病、地方病的监测、控制和上报；实施全村（街道、社区）计划免疫安全接种工作；开展农村卫生知识宣传普及工作；完成乡镇卫生院及其防疫站、组交办的其他卫生工作。

（四）建立灵活快速的信息报告体系

各级政府负责建立健全县（区）、乡、村信息报告体系，在卫生系统和各级政府分别建成快捷、通畅、及时、准确的疫情信息网络系统。建立突发事件报告制度。

（五）加强医疗救治体系建设

加强传染病救治机构建设。对县（区）医院的传染科进行改造，独立设区，严格流向，建筑面积不少于1 200平方米，床位达到20～30张之间。在各乡镇卫生院设立传染病门诊，流向合理，有隔离防护设施。建设急救网络系统。建立县（区）急救站和乡镇卫生院急诊室为框架的医疗急救网络。

（六）重视防治队伍人才建设

加强在职人员的继续教育和知识更新，有计划、有目的地培养或引进优秀专业人才。各县（区）也应成立相应的专家组。

（七）加强应对突发事件物资储备

县（区）级以上人民政府及其有关部门要按照突发事件应急预案和专项应急预案的要求，保证应急设施、设备、救治药品和医疗器械等物资储备。应急物资储备库在县（区）、乡医疗机构和疾病控制机构分别设立，所需经费列入本级人民政府财政预算。储备物资根据各类物资的使用寿命、效期、储存期限等要求定期周转更新，并建立储备物资管理、使用工作制度，加强管理，防止失效、变质、虫蛀、发霉、生锈、失盗等。储备的物资应满足突发事件中的需要，基本物资应能满足到每一农户。

（八）大力开展爱国卫生运动

积极开展以城镇创建卫生城市、农村改厕改水为重点的爱国卫生运动，彻底整治内外环境，改善环境卫生面貌，清除垃圾、积留污水、污物及蚊蝇孳生场所。在农村每年组织不少于2次的大规模全民爱国卫生运动。抓好食品卫生、公共场所卫生、环境卫生及饮用水卫生管理，农村特别要抓好饮用水源和人、畜粪便的卫生管理。各级政府及新闻舆论部门要加大爱国卫生工作宣传力度，教育群众搞好家庭卫生和个人卫生，改变不讲卫生的各种陋习，房间定期通风换气，保持空气新鲜。

五、农村医疗救助制度

(一)2003 年国家启动农村医疗救助制度

为了减轻农村大病患者的医疗负担,有效解决农民因病致残、因病返贫问题,我国开始探索建立农村大病医疗救助制度。十六届三中全会也明确提出要对贫困农民实行医疗救助。2003 年 11 月 18 日,民政部、卫生部、财政部下发了《关于实施农村医疗救助制度的意见》,启动了农村医疗救助的制度建设。

1. 农村医疗救助制度建设的目标

力争到 2005 年,在全国基本建立起规范、完善的农村医疗救助制度;制度建设的原则:坚持从当地实际出发,医疗救助水平要与当地经济社会发展水平和财政支付能力相适应。

2. 救助对象

农村医疗救助对象是农村五保户和农村贫困户家庭成员,以及当地政府规定的其他符合条件的农村困难居民。有关救助对象的具体条件将由地方民政部门会同财政、卫生部门制定。

3. 救助办法

(1)在开展新型农村合作医疗的地区,资助医疗救助对象参加当地合作医疗,享受合作医疗待遇,并对因患大病经合作医疗补助后个人负担医疗费用过高的再给予适当的医疗救助。

(2)在尚未开展新型农村合作医疗的地区,对因患大病个人负担费用难以承担的农民给予医疗救助。除此之外,规定了医疗救助对象全年个人累计享受医疗救助金额,原则上不超过当地规定的医疗救助标准。对于特殊困难人员,可适当提高医疗救助水平。对于农村五保户、20 世纪 60 年代初精简职工、因公致残等特殊助对象,规定对其的救助标准不能低于原有政策标准。

4. 申请审批程序

农村医疗救助实行由个人申请,村民代表会议评议,乡镇人民政府审核，县级民政部门审批，乡镇人民政府发放的完整的工作程序。

5. 医疗救助服务

在已开展新型合作医疗的地区，实行由农村合作医疗定点卫生医疗机构提供的医疗救助服务；在未开展新型农村合作医疗的地区，由救助对象户口所在地的乡（镇）卫生院和县级医院提供医疗救助服务。承担医疗救助的医疗卫生机构，除了按照《关于实施农村医疗救助制度的意见》保证服务质量、控制医疗费用外，还应该对救助对象的诊疗费用给予适当减免。

6. 医疗救助基金

医疗救助基金主要来源于地方各级财政投入、社会捐赠和彩票公益金等，同时规定，中央财政通过专项转移支付对中西部贫困地区给予适当支持。中央财政具体的补助金额，主要由民政部、财政部根据各地医疗救助人数、财政状况和工作成效等因素来确定。2003 年，民政部已下拨了 3 亿元农村医疗救助专项补助。医疗救助资金必须纳入社会保障基金财政专户，实行专项管理、专款专用。

（二）进一步完善城乡医疗救助制度

民政部 2009 年 6 月发布了《关于进一步完善城乡医疗救助制度的意见》，对进一步完善城乡医疗救助制度，保障困难群众能够享受到基本医疗卫生服务，作出了具体要求。

1. 目标任务

进一步完善医疗救助制度，筑牢医疗保障底线。用 3 年左右时间，在全国基本建立起资金来源稳定，管理运行规范，救助效果明显，能够为困难群众提供方便、快捷服务的医疗救助制度。

2. 合理确定救助范围

在切实将城乡低保家庭成员和五保户纳入医疗救助范围的基础上，逐步将其他经济困难家庭人员纳入医疗救助范围。其他经济困难家庭人员主要包括低收入家庭重病患者以及当地政府规定的其他特殊困难人员。具体救助对象界定标准，由地方民政部门会同财政等有关部门，根据本地经济条件和医疗救助基金筹集情况、困难群众的支付能力以及基本医疗需求等因素制定，并报同级人民政府批准。

3. 实行多种方式救助

对城乡低保家庭成员、五保户和其他经济困难家庭人员，要按照有关规定，资助其参加城镇居民基本医疗保险或新型农村合作医疗并对其难以负担的基本医疗自付费用给予补助。

4. 完善救助服务内容

要根据救助对象的不同医疗需求，开展医疗救助服务。要坚持以住院救助为主，同时兼顾门诊救助。住院救助主要用于帮助解决因病住院救助对象个人负担的医疗费用；门诊救助主要帮助解决符合条件的救助对象患有常见病、慢性病、需要长期药物维持治疗以及急诊、急救的个人负担的医疗费用。

5. 合理制定补助方案

各地要根据当年医疗救助基金总量，科学制定医疗救助补助方案。逐步降低或取消医疗救助的起付线，合理设置封顶线，进一步提高救助对象经相关基本医疗保障制度补偿后需自付的基本医疗费用的救助比例。

6. 简化程序、便民救急

对于城乡低保家庭成员、五保户等医疗救助对象，凭相关证件或证明材料，到开展即时结算的定点医疗机构就医所发生的医疗费用，应由医疗救助支付的，由定点医疗机构即时结算，救助对象只需支付自付部分。定点医疗机构与民政部门要定期结算。对于申请医疗救助的其他经济困难人员，或到尚未开展即时结算的定点医疗机构就医的医疗救助对象，当地民政部门要及时受理，并按规定办理审批手续，使困难群众能够及时享受到医疗服务。

救助对象因治疗需要转诊至非定点医疗机构治疗的，应当由定点医疗机构出具转诊证明，由救助对象报当地县级人民政府民政部门核准备案。此外,各地要探索属于救助对象的流动就业人员异地就医的申报、审批和结算办法,方便困难群众就医。

各地在简化医疗救助操作程序的同时,要规范工作流程,完善服务管理,并建立健全医疗救助工作的民主监督机制,及时将医疗救助对象姓名、救助标准、救助金额等向社会公布,接受群众和社会监督,做到政策公开、资金公开、保障对象公开。

实例:新农保"罗山模式"行之有效

千想万想,首先要为农民想。河南省罗山县,大别山区的一个省级贫困县。2 000 多平方千米的土地上,生活着73 万勤劳智慧的人民,其中60 万是农民。科学发展观以人为本的核心,体现在这里的主体就是农民。罗山作为试办新农村试验区,农村社会保障体系十项制度,罗山建立和完善了九项,特别是五保集中供养制度、农村低保制度被称为"罗山经验"在全省推广。落实十七届三中全会要求,按个人缴费、集体补助、政府补贴相结合的办法,建立新型农村社会养老保险制度,真正从制度层面解决60 万农民的养老问题。2009 年4 月《新型农村合作养老保险办法》几上几下,基本成型。形成了新农保的"罗山模式"。按照办法,凡是年满20 周岁以上的罗山农村居民(不含在校学生),缴费满15 年,年满60 周岁后,都可以按月领取养老保险金。按该县上年度农民人均纯收入6%缴费的,每人每月领101.3 元;按8%缴费的,每人每月领111.8 元;70 周岁以上老人,政府每月每人补养老金10 元。县政府每年拿出本级财政收入的3%补贴进来。5 月11 日,动员工作全面铺开,不到20 天,全县参保总人数近6 万人。6 月1 日,信阳市委书记带领6 名市领导来到罗山,给参保的村民们发放第一次养老保险金。

千难万难,发动群众就不难。"新农保"是一项史无前例的工程,让农民自愿交钱是这项工程中最大的难题。县里开动员会,成立领导小组，县领导包乡、乡干部包村、村干部包组、组干部包户。同时，对全县19个乡镇的劳动保障所负责人和村、组干部进行了政策和业务知识培训，然后进行全方位的政策宣讲，做到“村不漏户、户不漏人、表不漏项”。“加入新农保，一直笑到老”、“新农保，真是好，老来无忧儿女笑”等宣传条幅出现在该县农村的田间村口。电视讲话、滚动字幕、政策明白纸、手机短信……能用的宣传手段都用上了。县里的领导、基层干部和农民党员走家串户，帮助群众算清经济账，逐户进行宣传动员。

千好万好，还是党的政策好。8月4日，山水信阳迎来了省委徐书记一行。罗山县楠杆镇田堰村村民尹安胜激动地告诉徐书记：“我是按年收入的6%交的，一年交250.7元，一直交到60岁。60岁以后，每月能领到101.3元，一年就能领到1 215元还多，相当于一年领到我过去5年交的钱。党委、政府真是替老百姓办好事了。”农民群众编了个顺口溜赞扬“新农保”：党的政策无限好，农民有了新农保。子女负担大减轻，后顾之忧全没了，活一百岁不嫌多，党的恩情比天高。

专题四　农村社会保障管理

一、农村的养老保险制度

（一）我国农村养老保险的现状

长期以来我国农村老人的养老一直是以家庭养老为主。随着城市化步伐的加快和农村劳动力的输出，越来越多的农村青壮年人口进入城市，农村同样是“4－2－1”的家庭结构，子女的负担很重。这一切使赡养老人只有传统道德这一个约束力，而这个约束力也在日益递减。随着农村经济改革的深入，农民的养老观念发生了重大的转变，养儿防老的观念则在逐渐减弱。2000 年我国农村 8.33 亿人口中，65 岁以上的老年人口估计占 7.36%，到 2030 年 6.64 亿农村人口中，65 岁的老年人口将达到 17.39% 为 1.29 亿。为了促进农村经济的发展，使农民老有所养，1991 年民政部制定（县级农村社会养老保险基本方案），进行农村社会养老保险制度改革试点。

（二）新型农村养老保险

根据国务院《关于开展新型农村社会养老保险试点的指导意见》的规定，从 2009 年起开展新型农村社会养老保险（以下简称新农保）试点。

1. 基本原则

新农保试点的基本原则是“保基本、广覆盖、有弹性、可持续”。一是从农村实际出发，低水平起步，筹资标准和待遇标准要与经济发展及各方面承受能力相适应；二是个人（家庭）、集体、政府合理分担责任，权利与义务相对应；三是政府主导和农民自愿相结合，引导农村居民普遍参保；四是中央确定基本原则和主要政策，地方制定具体办法，对参保居民实行属地管理。

2. 参保范围

年满16周岁(不含在校学生)、未参加城镇职工基本养老保险的农村居民,可以在户籍地自愿参加新农保。

3. 基金筹集

新农保基金由个人缴费、集体补助、政府补贴构成。①个人缴费。参加新农保的农村居民应当按规定缴纳养老保险费。缴费标准目前设为每年100元、200元、300元、400元、500元5个档次,地方可以根据实际情况增设缴费档次。参保人自主选择档次缴费,多缴多得。国家依据农村居民人均纯收入增长等情况适时调整缴费档次。②集体补助。有条件的村集体应当对参保人缴费给予补助,补助标准由村民委员会召开村民会议民主确定。鼓励其他经济组织、社会公益组织、个人为参保人缴费提供资助。③政府补贴。政府对符合领取条件的参保人全额支付新农保基础养老金,其中中央财政对中西部地区按中央确定的基础养老金标准给予全额补助,对东部地区给予50%的补助。

地方政府应当对参保人缴费给予补贴,补贴标准不低于每人每年30元;对选择较高档次标准缴费的,可给予适当鼓励,具体标准和办法由省(区、市)人民政府确定。对农村重度残疾人等缴费困难群体,地方政府为其代缴部分或全部最低标准的养老保险费。

4. 养老金待遇

养老金待遇由基础养老金和个人账户养老金组成,支付终身。中央确定的基础养老金标准为每人每月55元。地方政府可以根据实际情况提高基础养老金标准,对于长期缴费的农村居民,可适当加发基础养老金,提高和加发部分的资金由地方政府支出。个人账户养老金的月计发标准为个人账户全部储存额除以139(与现行城镇职工基本养老保险个人账户养老金计发系数相同)。参保人死亡,个人账户中的资金余额,除政府补贴外,可以依法继承;政府补贴余额用于继续支付其他参保人的养老金。

5. 养老金待遇领取条件

年满60周岁、未享受城镇职工基本养老保险待遇的农村有户籍的老年人,可以按月领取养老金。新农保制度实施时,已年满60周岁、未享受城镇职工基本养老保险待遇的,不用缴费,可以按月领取基础养老金,但其符合参保条件的子女应当参保缴费;距领取年龄不足15年的,应按年缴费,也允许补缴,累计缴费不超过15年;距领取年龄超过15年的,应按年缴费,累计缴费不少于15年。要引导中青年农民积极参保、长期缴费,长缴多得。

6. 相关制度衔接

原来已开展以个人缴费为主、完全个人账户农村社会养老保险(以下称老农保)的地区,要在妥善处理老农保基金债权问题的基础上,做好与新农保制度衔接。在新农保试点地区,凡已参加了老农保、年满60周岁且已领取老农保养老金的参保人,可直接享受新农保基础养老金;对已参加老农保、未满60周岁且没有领取养老金的参保人,应将老农保个人账户资金并入新农保个人账户,按新农保的缴费标准继续缴费,待符合规定条件时享受相应待遇。

二、农村的社会救助制度概述

社会救助是对因各种原因造成生活困难、不能维持最低生活水平的公民,由国家和社会给予一定的物质援助的制度。当前,在我国农村的社会救助制度主要有,农村“五保”供养制度、特困户定期定量救济政策、临时救济制度、灾害救济制度、农村最低生活保障制度、农村医疗救助制度等。农村困难户救济主要靠地方财政拨款;五保户供养主要靠村提留,实行税费改革后由乡镇财政列支;自然灾害救济主要靠各级财政拨款。1995年民政部在农村开展农村居民最低生活保障试点工作,从2000年至2002年,每年救灾救济面大约为16%,每年社会救济面大约30%。属于“三无对象”的农村五保户,实际得到“五保”救济的大约为70%。2003年初,全国纳入农村最低生活保障的人数有406万人,农村最低生活保障制度涉及全国的2 037个县、市、区,但所纳入对象的人数在各个地方极不平衡。据统计,我国目前农村接受各种定期救济(包括最低生活保障和特困救济)的人数约有1 160多万人,接受各种定期救济的农户(包括困难户、五保户等)约有632.7万户,农村中接受临时救济的有2 009多万人次,而实际需要救助的人数还远不止此。2004年4月民政部决定有条件的东部沿海发达地区继续推行农村最低生活保障制度,没有条件的中西部地区实行农村特困户救助制度。

三、农村"五保"供养制度

2006年1月,国务院修改并公布了新《农村五保供养工作条例》,此条例2006年3月1日起施行。农村"五保"供养制度是对老年、残疾或者未满16周岁的村民,无劳动能力、无生活来源又无法定赡养、抚养、扶养义务人,或者其法定赡养、抚养、扶养义务人无赡养、抚养、扶养能力的农村居民,在吃、穿、住、医、葬方面给予村民的生活照顾和物质帮助的制度。

(一)供养对象

老年、残疾或者未满16周岁的村民,无劳动能力、无生活来源又无法定赡养、抚养、扶养义务人,或者其法定赡养、抚养、扶养义务人无赡养、抚养、扶养能力的,享受农村五保供养待遇。

(二)供养内容

1. 供给粮油、副食品和生活用燃料。
2. 供给服装、被褥等生活用品和零用钱。
3. 提供符合基本居住条件的住房。
4. 提供疾病治疗,对生活不能自理的给予照料。
5. 办理丧葬事宜。

(三)供养形式

农村五保供养对象可以在当地的农村五保供养服务机构集中供养,也可以在家分散供养。农村五保供养对象可以自行选择供养形式。

四、特困户定期定量救济政策

从 1994 年开始试点探索推行农村低保制度。但完全依靠地方政府的财力在全国范围内推行最低生活保障制度显然不可能,在国情国力的限制下,需要调整政策,确定新的救助办法。2003 年初,民政部制定了对生活极度困难,自救能力很差的农村特困户的救济办法。主要做法是对不救不活的农村特困户发放《农村特困户救助证》,实行定期定量救济。以农村救济工作制度化、规范化做法避免农村社会救济的随意性、临时性,切实保障好农村最困难的特困群体的基本生活。

五、灾害救济制度

灾害救济制度是国家对因自然灾害导致生活困难的灾民进行救济的制度,具有对象不确定性、变量大的特点。灾害救助对象是突然遭受灾害侵袭的农户。《国家自然灾害救助应急预案》已经国务院批准,各省(自治区、直辖市)都制定了省级救灾预案,明确救灾工作的四级响应规程。救灾应急预案是灾害应急机制建设的重要组成部分,对建立健全应对突发重大灾害紧急救助体系和运行机制,规范紧急救助行为,提高国家紧急救助能力,最大限度地减少人民群众的生命和财产损失,维护灾区社会稳定具有十分重要的意义。

六、农村最低生活保障制度

农村最低生活保障制度是对家庭人均收入低于最低生活保障标准的农村贫困人口按最低生活保障标准进行差额补助的制度。它是农村社会救助中最稳定、最广普的一种基本救助制度，覆盖农村所有的、收入水平低于最低生活保障线以下的贫困者。2007 年 8 月国务院发出的《关于在全国建立农村最低生活保障制度的通知》进行了明确的规定。建立的目标是将符合条件的农村贫困人口纳入保障范围，重点保障病残、年老体弱、丧失劳动能力等生活常年困难的农村居民；逐步将符合条件的农村贫困人口全部纳入保障范围，稳定解决全国农村贫困人口的温饱问题。

（一）农村最低生活保障标准

农村最低生活保障标准由县级以上地方人民政府按照能够维持当地农村居民全年基本生活所必需的吃饭、穿衣、用水、用电等费用确定，并报上一级地方人民政府备案后公布执行。农村最低生活保障标准要随着当地生活必需品价格变化和人民生活水平提高适时进行调整。

（二）对象范围

农村最低生活保障对象是家庭年人均纯收入低于当地最低生活保障标准的农村居民，主要是因病残、年老体弱、丧失劳动能力以及生存条件恶劣等原因造成生活常年困难的农村居民。

（三）农村最低生活保障的管理

农村最低生活保障管理既要严格规范，又要从农村实际出发，采取简便易行的方法。

1. 申请、审核和审批

申请农村最低生活保障，一般由户主本人向户籍所在地的乡（镇）人民政府提出申请；村民委员会受乡（镇）人民政府委托，也可受理申请。受乡（镇）人民政府委托，在村党组织的领导下，村民委员会对申请人开展家庭经济状况调查、组织村民会议或村民代表会议民主评议后提出初步意见，报乡（镇）人民政府；乡（镇）人民政府审核后，报县级人民政府民政部门审批。乡（镇）人民政府和县级人民政府民政部门要核查申请人的家庭收入，了解其家庭财产、劳动力状况和实际生活水平，并结合村民民主评议，提出审核、审批意见。在核算申请人家庭收入时，申请人家庭按国家规定所获得的优待抚恤金、计划生育奖励与扶助金以及教育、见义勇为等方面的奖励性补助，一般不计入家庭收入，具体核算办法由地方人民政府确定。

2. 民主公示

村民委员会、乡（镇）人民政府以及县级人民政府民政部门要及时向社会公布有关信息，接受群众监督。公示的内容重点为：最低生活保障对象的申请情况和对最低生活保障对象的民主评议意见，审核、审批意见，实际补助水平等情况。对公示没有异议的，要按程序及时落实申请人的最低生活保障待遇；对公示有异议的，要进行调查核实，认真处理。

3. 资金发放

最低生活保障金原则上按照申请人家庭年人均纯收入与保障标准的差额发放，也可以在核查申请人家庭收入的基础上，按照其家庭的困难程度和类别，分档发放。要加快推行国库集中支付方式，通过代理金融机构直接、及时地将最低生活保障金支付到最低生活保障对象账户。

4. 动态管理

（1）乡（镇）人民政府和县级人民政府民政部门要采取多种形式，定期或不定期调查了解农村困难群众的生活状况，及时将符合条件的困难群众纳入保障范围。

（2）根据其家庭经济状况的变化，及时按程序办理停发、减发或增发最低生活保障金的手续。

（3）保障对象和补助水平变动情况都要及时向社会公示。

（四）农村最低生活保障资金

1. 农村最低生活保障资金的筹集以地方为主，地方各级人民政府要将农村最低生活保障资金列入财政预算，省级人民政府要加大投入。地方各级人民政府民政部门要根据保障对象人数等提出资金需求，经同级财政部门审核后列入预算。

2. 中央财政对财政困难地区给予适当补助。

3. 地方各级人民政府及其相关部门要统筹考虑农村各项社会救助制度，合理安排农村最低生活保障资金，提高资金使用效益。

4. 鼓励和引导社会力量为农村最低生活保障提供捐赠和资助。

5. 农村最低生活保障资金实行专项管理，专账核算，专款专用，严禁挤占挪用。

七、建立和完善农村社会保障制度的对策

（一）立足国情，稳步实施农村社会保障制度

我国农村社会保障制度目前只是处于初级阶段，因此，可以在一些经济比较发达的地区进行试点，条件成熟后，再逐步扩大农村社会保障的范围。我国在建立农村社会保障制度时，不能片面追求城乡一体化，应当立足我国国情，待时机成熟了，再使农村社会保障制度与城镇社会保障制度统一接轨。应当根据不同地区的情况，制定社会保障的标准、采用社会保障的模式，经济发达地区保障程度标准高一些，欠发达地区保障程度标准低一些。

（二）完善农村社会保障体系

1. 农村社会保险

农村社会保险具体包括农村养老保险和农村医疗保险。推行和完善新型农村合作医疗制度。目前我国新型农村合作医疗制度应推行以大病医疗统筹为主，适当兼顾小病费用报销。在筹资方式上应实行多元化，由政府、村集体经济和农民个人三方共同负

担。中央、省(自治区、直辖市)、市、县和乡五级政府都要对新型农村合作医疗制度给予资金补助。另外,各、级政府对新型农村合作医疗制度给予资金补助时,不能“一刀切”,上一级政府对所辖经济欠发达地区应给予重点支持。有条件的村集体经济组织应对本地新型农村合作医疗制度给予适当扶持。农民个人出资目前应坚持自愿参加原则,由于各地经济发展水平不同,在不同地区三方出资的比例也应有所不同。

2. 农村养老保险

根据我国的国情,农村养老保险采取自我养老、家庭养老、社区养老和社会养老多元化的养老格局,四种养老方式相互补充、相互协调。发展的趋势是以社会养老为主体,自我养老为根本,家庭养老、社区养老为辅助。在经济发达地区的农村,发展新的农村社会养老保险,加大政府财力、政策扶持,由个人、集体和政府三方出资,以保证农村老年人最基本的生活需要。在经济不发达的地区,根据经济发展水平的不同,先以自我养老、家庭养老、社区养老为主,以后再逐步过渡到以社会养老为主。家庭养老不容忽视。因为孝敬父母、赡养父母是我国的传统美德,生养子女就意味着老有所靠,包括经济上的、生活照料上的和情感上的。因此,家庭在慰藉老人经济生活,照料老人的日常生活起居方面有着不可替代的作用,家庭养老应当倡导。

3. 农村社会救助

一是目前在经济发达地区尽快建立和完善农村最低生活保障制度,在经济欠发达地区实行农村特困户救助制度。未来在全国范围内实施农村最低生活保障制度。二是准确界定农村社会救助的对象。三是科学确定农村社会救助的标准。在确定农村社会救助的标准时既要考虑到农村贫困人口最低生活需要,又要依据当地的实际水平,全国不能确定统一的贫困线标准、救助标准和最低生活保障标准。四是明确农村社会救助的资金来源。农村社会救助的资金来源由市、县、乡三级财政按比例负担,省级财政安排专项资金对经济困难市给予适当补助。中央财政对农村社会救助给予转移支付。同时借助社会力量,多途径筹措农村社会救助资金。

4. 农村社会福利

农村社会福利是为农村特殊对象和社区居民提供除社会保险和社会救济以外的保障措施与公益性事业。农村社会福利的主体是孤、寡、老、病、残等特殊群体。我国的农村社会福利主要依靠地方、集体和社会的力量来解决和完善。争取一乡建立一院(敬老院)一厂(福利工厂),逐步提高孤、寡老人集中供养的比例,办好福利工厂,安置残疾人就业,既使残疾人的生活得到了保障,又可以改变农村的面貌,增加农民的收入,壮大农村集体经济的力量。农村社会福利和农村社区公益服务进行有机结合。

5. 优抚安置

优抚安置是政府对以军人及其家属为主体的优抚安置对象进行物质照顾和精神慰藉的一种制度。一是建房支持。农村籍的义务兵退出现役后,应回原籍安置,对于无房、缺房的退伍军人,地方财政应拨专款,帮助他们建房。二是抚恤补助金支持。建立抚恤补助金自然增长机制,适当增加优抚对象抚恤补助标准,特别是立功、伤残军人的补助标准要高于一般的退伍军人。三是就业支持。各乡镇通过对优抚对象提供就业信息服务,开展就业培训,进行就业指导,多渠道开辟优抚对象的就业门路。四是贷款、税收支持。通过对优抚对象采取信贷支持、减免税费等倾斜性政策,扶持他们发展生产和搞多种经营,提高他们的收入水平。做好优抚安置工作,维护社会安定,促进中国的国防建设。

(三)完善农村社会保障制度建设,规范管理的具体对策

1. 建立多层次多渠道筹集农村社会保障资金,并保证其保值增值

由于我国农村人口众多,筹集的保障资金极其有限,落后贫困地区,应采取国家财政拨款为主,社会筹资为辅来筹集保障资金。

在发展中地区和发达地区的农村,社会保障资金可以有3个来源,一是国家各级财政按比例提取;二是社区集体提留和乡镇企业收入中按比例提取;三是按个人收入划分为不同档次交纳的部分,根据各地经济发展的不同情况调整基金的提成比率。必须要保证资金的安全,并保证其保值增值。可以把一部分结余资金用于购买国库券和国家特种国债,可以把一部分结余资金交由专业投资公司进行市场投资,以提高其增值率,用于补充保障基金的不足。保障农村社会保障制度长期顺利实施。

2. 建立全国统一的农村社会保障管理机构

目前负责农村社会保障事业的管理部门有财政、卫生、农业、民政、扶贫办等部门。各部门从各部门的利益出发,各自为政,导致农村社会保障操作不规范。为了提高农村社会保障的组织、协调、管理水平,各级政府应组建农村社会保障机构,负责制定农村社会保障事业的发展计划、重大政策、收费标准、支付标准、指导性管理和监督检查等工作;执行国家颁布的有关法律法规,管理农村社会保障基金运行机构,按规定开展日常的农村社会保障基金管理、运行、收缴、支付等工作。

3. 加强对农村社会保障基金的监管,提高其使用效率

一是农村社会保障基金运行机构定期向农村社会保障管理机构汇报农村社会保障基金的收支、使用情况;并通过各种途径,定期向社会公布的具体收支和使用情况,保证参加社会保障农民的参与、知情和监督的权利。二是财政部门和审计部门对农村社会保障基金的使用管理情况进行监督检查、对合作医疗和养老保险应当建立家庭账户和个人账户。

4. 加快农村社会保障专业人才的培养

农村社会保障制度是一项复杂的社会系统工程,涉及面广,政策性、技术性强,管理水平要求高。需要对现有人员进行系统培训,提高其理论水平和管理水平,还要积极采取各种措施,培养专门的农村社会保障专业人才。

5. 发挥家庭保障在一定时期内的农村居民生活中的主体保障作用

增加农民收入，注重农村劳动力的转移，提高农业生产率和调整农村产业结构、提供农产品品质。加强家庭保障的功能的发挥。

实例："最浙江"的农村城市化模式

浙江省拟"十二五"末实现社保一卡通。近年来，浙江省湖州在探索统筹城乡发展、促进区域平衡的新路子中，积极推进城乡六个"一体化"：空间布局一体化，产业分工一体化，服务功能一体化，环境保护一体化，社会保障一体化，社会进步一体化。湖州市正在探索一条"最浙江"的农村城市化模式。2010 年，湖州城乡居民的收入比为 1.98:1，浙江为 2.4:1，全国为 3.3:1。可见，湖州城乡居民的收入差距远低于全省的平均水平。湖州是较早开始推进城乡统筹发展的地方，到目前为止，湖州提出的"美丽农村建设"已在全省达成共识。

在这几年城乡统筹建设中，湖州积累了很多经验，值得推广的主要集中在三块基础性工作：其一，大力推进效益农业，农业产业化的发展，加快增加农民的收入；其二，大力推进农村公共设施建设；其三，政策扶持下，让大量城市的优质资源"入乡"。

推进效益农业方面，湖州市与浙江大学合作"1381 行动计划"，通过三大平台、八大工程与百个重大项目，来教农民赚钱，带动农村致富。"湖州的农民，比周边地市的农民富。城乡差距自然也比周边城市小。"

公共设施建设方面，湖州早在几年前，就已经实现了村村通公交，同时，水利设施、电力设施等方面也得到切实提升。在农村社会事业发展方面，特别是医疗卫生方面，湖州市采取了一系列措施。

社会资源方面，湖州有七百多个规范的社区服务站，全部是由政府补贴建成,农民在这里可以现场刷卡看病,这张卡在村里、乡里、县里甚至市级医院都可以用。另外,湖州市政府、卫生局出台政策,整合城市医院定点资源,鼓励技术好的医生定期“进村坐诊”。

专题五　人口与计划生育管理

一、农村人口管理概述

(一)农村人口概述

人口是指特定地域范围内,具有一定数量和质量,处在一定社会关系中个人的总和。

人口是一个社会物质生活的必需条件,是社会生产行为的基础和主体。人口是一个综合多种自然要素和社会关系特征动态变化的社会实体,有多种属性。

在我国,根据人口的户籍性质可以划分为农业户籍和非农业户籍;根据人口的居住地可以划分为城镇人口和农村人口;根据从事职业的性质可以划分为农业人口和非农业人口。

我国农村人口具有特征:一是农村人口数量大,密度低。二是农村人口的科技文化素质与城市比较,相对较低。这是由于我国长期以来建设发展中的多种因素导致的。三是农村人口的同质程度较高。因为农村是熟人社会,居住生活在一起,生活方式大致相同,价值观念和行为方式相同所带来的结果。四是农村人口流动性较强。根据农业部的资料显示,目前我国外出打工的农民人数多达1.26亿,还呈现上升趋势。

(二)控制人口数量应采取的措施

1. 法律措施

通过制定人口与计划生育法律、法规、规章和规范性文件,以规范公民的生育行为,调节公民生育子女的数量。

2. 行政措施

通过建立人口与计划生育行政管理机制和制度,保证计划生育工作的开展。

3. 经济措施

运用经济利益导向,引导公民节制生育。

4. 技术措施

通过建立计划生育技术服务网络,提供优质计划生育技术服务,保障和方便公民避孕节育。

二、农村计划生育管理概述

(一)农村计划生育含义

农村计划生育是指为了国家、社会和家庭的利益,农村育龄夫妻有计划地在适当年龄生育合理数量的子女,并养育健康的下一代,促进人口、经济、社会、资源、环境、家庭等协调和可持续发展。

(二)农村计划生育管理的对象

农村计划生育管理的对象主要分为两大类,一是常住人口的计划生育管理,本村人口规划制定以及计划生育管理。二是流动人口的计划生育管理,以现居住地管理为主,进行计划生育宣传,协助查验有关婚育证明,了解其婚育情况,组织有关部门为其提供计划生育服务,指导优生优育和保健服务等工作。

(三)农村计划生育管理的内容

1. 乡、镇应认真履行的职责

组织、协调辖区内村、组做好计划生育工作;进行计划生育宣传教育;依法查处违反计划生育管理的行为;查验并出具计划生育证明;监督检查人口责任目标和计划生育合同的履行。实行计划生育奖励计划,对实行计划生育的家庭,给予资金、技术、培训等方面的支持、优惠,对实行计划生育的贫困家庭,在贷款、扶贫项目和社会救济等方面给予优先照顾。

2. 各级计划生育管理部门应认真履行的职责

宣传、贯彻有关计划生育的法律、法规和政策,监督检查计划生育执行情况；督促落实计划生育目标管理责任制，组织签订《计划生育合同》，并监督检查其履行情况；编制人口生育计划，审批和下达人口生育指标，做好计划生育统计工作；办好计划生育服务站，做好计划生育技术指导、服务工作，发放、管理避孕药具，组织有关部门开展计划生育科研工作，按规定的职责权限核发计划生育技术服务机构合格证；查处或督促查处违反计划生育规定的单位和个人。

（四）农村计划生育村民自治的内容

1. 村民委员会在党和政府的领导下根据国家计划生育政策和有关法律、法规的规定动员和组织群众制定计划生育自治章程和村规民约，实施计划生育民主决策、民主选举、民主管理和民主监督，实行村务公开。

2. 鼓励群众自觉实行计划生育，维护群众合法权益，增进群众身心健康。

3. 发挥基层计划生育协会的作用，实行群众自我教育、自我管理和自我服务。

三、农村人口与计划生育工作面临的问题

（一）农村人口和计划生育工作的支持力度与基本国策的地位不相适应

一些地方党政领导对新时期人口和计划生育工作的重要性、复杂性、艰巨性认识不足，重视程度有所下降，工作力度有所减弱。人口和计划生育财政投入不足的状况在农村普遍存在。一些地方人口和计划生育经费缺口大，避孕节育措施等基本的免费服务不落实。

（二）农村人口和计划生育工作方式方法与形势发展的要求不相适应

一些基层干部和计划生育工作者，对外部环境和改革发展给

人口和计划生育工作可能带来的冲击与影响研究不够、准备不足，思想观念、政治素质、业务能力、工作作风还不能完全适应新形势新任务的要求，基层工作中存在着违法生育取证难、社会抚养费征收难等问题，违法侵权行为和弄虚作假、失职渎职现象也不同程度地存在。

(三)农村基层管理服务网络建设与统筹解决农村人口问题的任务不相适应

部分地方计划生育技术服务机构不稳定、基本建设不规范、设备陈旧老化、人员素质不高、服务水平偏低，难以满足人民群众日益增长的计划生育生殖健康需求。

农村生产生活方式依然落后、基本公共服务严重缺失、现代文化价值体系尚未形成，这些问题都是制约农村人口和计划生育工作健康发展的深层原因。

四、加强计划生育管理，对农村发展的作用

(一)“少生快富”，促进生产发展

大力实施“少生快富”工程，把人口与计划生育工作同发展经济、扶贫开发结合起来，逐步培育“少生快富”的典型，带动群众自觉“少生、优生、优育”。例如，黔南州人口计生部门协助党委、政府协调各方关系，整合计生优惠政策和帮扶计生户发展生产的资源，有关部门确定生产发展项目、基础设施建设项目、科技帮扶项目特别注重向农村计生户倾斜，部门帮扶着重解决计生户缺劳力、缺资金、缺技术、缺信息等问题。采取派扶贫工作队、部门挂乡包村，把帮扶计生户经济发展捆在各级干部身上，不脱贫、不致富，不脱钩。

(二)采取利益导向，促进农民生活宽裕

由于农村社会保障的缺失和“养儿防老”的客观现实，农民生育男孩的偏好明显。从落实人口计生奖励扶助政策入手，逐步建立完善农村计划生育养老保障制度，是推动人口计生工作从管理

走向公共服务、加快人口进入稳定的低生育水平的迫切需要，是构建农村和谐社会的现实需求。推进人口计生工作从“惩罚多生”为主向“奖励少生”为主转变，执行和兑现计生法定的奖励、优先、补助、减免、扶助等政策，凡是国家给农民的好处对计生户突出“优先”二字，切实优先减轻和免除农村计生户的各种负担，解决计生户生产、生活、教育、医疗等方面的困难，建立起对农村独生子女户、双女户家庭的社会保障机制，让农村计生户在社会上有地位、经济上得实惠、生活上有保障，促进计生户率先过上比较宽裕的日子，引导广大农村逐步走出“越穷越生、越生越穷”的怪圈。使农民群众真切地感受到“养儿防老不如计划生育奖励扶助政策好”。

（三）倡导婚育新风，促进乡风文明

加强人口计生宣传教育网络建设，深入开展婚育新风进万家活动，坚持贴近基层、贴近群众、贴近生活，充分发挥其教育功能，引导农民群众树立健康文明婚育新风尚，革除重男轻女、早婚早育、多子多福等旧观念，增强依法生育的自觉性，在婚育新观念、新知识教育中培育新型农民，在推动农村婚育文明中推动乡风文明，注重把挖掘独特的民族文化与建设现代生育文化有机结合起来，办好民族传统节日，打造现代生育文化，在农村形成了一支支永久牌、原生态的群众文娱队伍，寓教于乐，把少生、优生、优育、优教、生殖健康等生育文化知识融入到群众文娱活动中，把计划生育宣传教育同提高群众文化素质、生产技能结合起来，努力培育新型农民。

（四）实行计划生育村民自治，促进管理民主

人口管理特别是生育管理是农村群众极关心、关注的问题，充分尊重村民的民主管理权，实行计划生育村民自治，是农村民主管理新机制建设的重要内容。充分发挥村级计生协会群众组织的作用，使人口计生工作走上民主管理轨道，促进农村的民主进程。推行计划生育村民自治，坚持计划生育工作党委和政府主导、服务为主，村民自我管理、监督和落实，实行计划生育优质服务，提升计生综合水平,提高群众的生活、生育质量,增进了农村干部和计生人员与育龄群众的亲和力。

实例:甜蜜的事业比蜜甜

近年来,广东省江门市人口出生率、人口自然增长均控制在省下达的指标任务之内。人口和计划生育工作坚持以科学发展观为指导,注重以经济手段调控人口增长、依法行政和人文关怀、建立统筹解决人口问题的体制机制,人口和计划生育工作取得了突破性发展。

惠民理念桑梓情怀。建立和推行了三项制度。一是实施按月节育奖。将原来实施的对农村只生育一个孩子或纯生育两个女孩、一方落实节育措施、户籍人口在江门市的农村居民每户给予一次性1 000元奖励的做法,调整为给予符合条件的夫妇从落实节育措施当月起每人每月发给50元的节育奖,直至男方满60周岁,女方满55周岁。二是市人口计生局、市红十字会、市中心医院联合举办爱心救助贫困先天性心脏病患儿行动,为贫困计生家庭的先天性心脏病患儿免费实施手术治疗。三是计划生育分娩纳入合作医疗补偿范围,使自觉实行计划生育的农村部分家庭得到更多实惠。

婚育新风深入人心。把新型人口文化和生育文化融入到人们的日常生活中去,融入到农村文化建设中去,与创建文明村镇、和谐村镇结合起来,与科技、文化、卫生"三下乡"活动相结合,发挥农村人口文化屋、人口学校、计划生育服务站等宣传阵地的作用,提高宣传教育的感染力、影响力和渗透力。将新家庭文化屋的建设纳入农家书屋工程范围,采取农村"农家书屋"城市"图书室或阅览室"挂"新家庭文化屋"牌子,提供人口计生、人口文化、人口健康等内容的图书、报刊、音像制品等,为群众提供更加丰富、务实的宣传服务。

“关爱女孩”行动影响广泛。开展“关爱女孩”、“十百千万”行动。在全市各地建立十项关爱女孩优惠政策（包括升学优惠、社会保障优惠、享受政策优惠、享受结对帮扶优惠、优先享受农村宅基地安排、优先享受侨资捐赠、企业招工、优先享受计划生育优质服务等）；组织百家企业帮扶百户困难女孩家庭；资助千名女孩读书；为万名女孩免费进行健康检查。

一票否决层级管理。为了保证人口计生工作的管理水平，我市坚持把人口计生纳入重大事项督查范围。制定并实施了人口计生工作重点任务末位通报制度，对各市（区）、镇（街）符合政策生育率指标每月完成情况、创建无政策外多孩出生的镇（街）和无政策外出生的村（居）（以下简称“两无”）活动情况、未落实长效避孕节育措施对象库存情况、征收社会抚养费的完成情况等实行每月预警通报并实行主要领导诫勉谈话。严格落实“一票否决”制度。进一步明确对人口和计划生育目标管理责任制考评不达标单位及领导实行“一票否决”。“一票否决”范围包括驻村包片干部。

将人口计生互联共享平台建设作为信息化建设的重点内容。互联共享平台以实现人口计生与公安、卫生、民政等相关部门的信息互联和资源实时共享为目标。

抓创建“两无”活动，使基层工作质量有重大提升。

结合流动人口信息系统升级狠抓了全国流动人口信息交换平台反馈信息中“查无此人”督查考核工作。加强与省内兄弟地市的联系，获取本市流出已婚育龄妇女的基本信息，掌握流出已婚育龄妇女的生育、节育等数据资料，及时跟踪落实工作。

专题六　农村生态环境与公共资源管理

一、农村生态环境管理概述

（一）农村生态环境的含义

1. 生态环境

生态环境是指与人类密切相关的，影响人类生活和生产活动的各种自然（包括人工干预下形成的第二自然）力量（物质和能量）或作用的总和。生态环境包括了影响人类生存与发展的水资源、土地资源、生物资源以及气候资源，是关系到社会和经济持续发展的复合生态系统。生态环境问题是人类为其自身生存和发展，在利用和改造自然的过程中，对自然环境破坏和污染所产生的危害人类生存的各种负反馈效应。人类有必要管理好自己对环境的"参与行为"，这就是生态环境管理。

2. 农村生态环境

农村生态环境是指农村地区人口赖以生存的环境，包括乡村居住点、土地、河流、山林、湖泊、荒野等。农村地区相对城市来讲人口稀疏，生产者较多，消费者较少，交通拥堵、废物大量堆积、空气污染等问题不存在。但是农村存在如废弃物污染，农村乡镇小企业污染，化肥、农药的大量及不合理施用引发污染，集约化养殖场的污染以及不合理的资源开发增加了环境污染等问题日益严重，不容忽视。

（二）农村生态环境管理的内容

农村生态环境管理包括自然资源的管理和人工环境的管理。自然资源管理包括农业污染的防治、农村工业污染的防治、水源保护、林地林木保护、草原保护等。人工环境的管理包括农村垃圾的处理和农村村庄环境卫生管理等。

二、推进农村生态环境管理的对策

环境保护作为我国一项基本国策，是一项“功在当代，利在千秋”的伟大工程，农村生态环境资源保护事关提高农民生活质量、改善农村面貌。党中央、国务院，省、市、县各级政府高度重视农村环境保护工作，必须积极采取有效对策措施加强农村生态环境资源保护，才能改善农村环境，扎实推进新农村建设。

（一）加强环保组织建设

机构和队伍是管理和建设的主体，没有机构和人员也就谈不上政策执行。环境保护与计划生育同样作为我国的基本国策，计划生育政策从中央到地方得到了不折不扣的执行，乡镇一级政府必须落实坚持党政一把手亲自抓，分管领导具体抓的原则，配置专门的环保管理人员，有条件的乡镇还要积极探索建立环保工作机构，切实加强农村生态环境资源保护工作组织领导，每年定期对辖区农村环保工作进行专题研究，制定工作计划，检查落实，每年解决当地群众反映强烈的环境问题。

（二）保证环保政策性资金投入

针对政府投入到农村生态环境资源保护工作中的资金不足状况。必须加大环保政策政策性资金投入，国家、地方财政要根据“工业反哺农业，城市支持农村”的方针，加大对农村环保工作的投入，保证乡镇一级政府开展环保工作必要的监测、执法设备等基本的工作条件。县市政府按照国家规定的地方 GDP 的 1.5% ~2%，作为新农村建设中环保基础设施硬件投入的要求，对乡镇政府环保指标的进行考核，从而保证农村环保工作经费的落实。乡镇一级政府要坚持“谁污染、谁付费，谁收益、谁负担，谁开发、谁保护”的原则，拓宽农村生态环境资源保护的投资渠道，出台优惠政策鼓励社会资金参与农村生态环境资源保护。

（三）提高农村环保监管能力

环保监管能力对于促进农村生态环境资源保护政策更好地执行有着重要作用。乡镇一级政府应当配合县环保部门联合国土资源和规划建设等部门，采取措施扶持辖区的企业、村庄配置、完善环保监管基础设施，鼓励有条件的村庄配备专职或兼职的保洁员，逐步完善农村的环境保护监督管理体系。为环保员开展工作配备必要的装备，真正将环保监管覆盖到广大农村地区。发挥村民自治组织和广大农村实用人才的作用，让他们参与到农村环保监测中来，为农村生态环境资源保护提供强有力的群众支持。

三、发展现代农业运作模式，减少农业环境污染

现代农业是以保障农产品供给，增加农民收入，促进可持续发展为目标，以提高劳动生产率，资源产出率和商品率为途径，以现代科技和装备为支撑，在家庭经营基础上，在市场机制与政府调控的综合作用下，农工贸紧密衔接，产加销融为一体，多元化的产业形态和多功能的产业体系。现代农业产业体系由产前部门、产中部门和产后部门三大系统组成，并细分为优质粮食、特色园艺、现代畜牧、现代渔业、现代林业、农产品加工业六大产业。

《纲要》第五章“加快发展现代农业”指出，坚持走中国特色农业现代化道路，把保障国家粮食安全作为首要目标，加快转变农业发展方式，提高农业综合生产能力、抗风险能力和市场竞争能力。第二节“推进农业结构战略性调整”提出，完善现代农业产业体系，发展高产、优质、高效、生态、安全农业。优化农业产业布局，加快构建以东北平原、黄淮海平原、长江流域、汾渭平原、河套灌区、华南和甘肃新疆等的农产品主产区为主体，其他农业地区为重要组成的“七区二十三带”农业战略格局。鼓励和支持优势产区集中发展粮食、棉花、油料、糖料等大宗农产品。加快发展设施农业，推进蔬菜、水果、茶叶、花卉等园艺作物标准化生产。提升畜牧业发展

水平，提高畜牧业产值比重。促进水产健康养殖，发展远洋捕捞。积极发展林业产业。推进农业产业化经营，扶持壮大农产品加工业和流通业，促进农业生产经营专业化、标准化、规模化、集约化。推进现代农业示范区建设。现代农业的运作模式主要有下面几种。

（一）都市型农业运作模式

都市型农业运作模式，是指在城市地域空间范围，具有一定生态空间格局内，以可持续发展为核心，体现城乡融合，服务于城市，具有多功能、高科技、高度产业化、市场化的生态农业系统模式。它是工业化、城市化发展的必然结果，既能为社会提供生产、生活资料，又能有效协调城市与自然、都市人与自然之间的关系，使人们既能享受都市生活的各种便利，又能享受到回归自然的乐趣。可以根据各地区资源条件的不同，按农业的功能可分为以下 6 种发展类型。

1. 观光农园

观光农园是在城市近郊或风景区附近开辟特色果园、花圃、茶园、菜园，让游客在园内摘果、赏花、采茶、种菜，享受田园乐趣等，这是最普遍的一种形式。在牧区建立观光牧场。

2. 农业公园

农业公园是按照公园的经营思路，把农业生产场所、农产品消费场所和休闲旅游场所结合为一体的形式。

3. 教育农园

教育农园是兼顾农业生产与科普教育功能的一种农业生产经营形式。即利用农园中所栽植的作物、饲养的动物以及配备的设施，如特色植物、热带植物、农耕设施栽培、传统农具展示等，进行农业科技示范、生态农业示范，传授游客农业知识。

4. 森林公园

森林公园是以森林自然环境为依托，具有多变的地形，开阔的林地，优美的景色的农业复合生态群体。以森林风光与其他自然景观为主体,为人们提供休憩、疗养、避暑、文化娱乐和科学考察等的特定场所。

5. 民俗观光村

民俗观光村是城市居民人租住农村房屋,迁居农家居住,是集休憩、疗养和感知、体验我国各民族风俗民情于一体的形式。

6. 高科技农业园区

高科技农业院区是采用新技术生产手段和管理方式,形成集生产加工、营销、科研、推广、功能等于一体,高投入、高产出、高效益的农业种植区或养殖区。有的园区可以对外开放,接受游人的观赏,有的园区属于封闭型,不接待游客。

我国都市型农业项目主要分布在北京、上海、广州等大城市的近郊,其中以珠江三角洲地区最为发达。都市型农业是广东省现代农业发展模式之一,是促进城乡协调发展、推进城镇化建设的主要手段。珠江三角洲已有较好的都市农业建设基础,通过发展都市型农业,使广东山区与珠江三角洲发达地区按各自资源禀赋分工,带动山区农业产品销售,提高农业经济效益,拉动山区农业经济发展。同时,将农业产业拓展至第二产业、第三产业,转移了农业劳动力、解决了就业问题,促进了城乡协调发展。都市型农业是现代农业发展和都市发展的必然选择。

(二)外向型农业运作模式

外向型农业运作模式,是指根据比较优势理论、要素禀赋原理,产品以国际市场的需求为导向,依托生产基地,以国际大市场为主要销售目的地,以经济效益的提高和企业利润最大化为原则,以促进农业经济乃至整个国民经济的发展为目标,涵盖研发、信息及金融服务等各种服务体系的农产品及其加工品的生产、流通系统的模式。外向型农业除了包括资金、技术、人才等要素的国际流动与交换外,最主要的内容是农产品对外贸易,以达到增收创汇的目的。一是积极组建外向型农产品物流企业。集国际货物集散功能、口岸功能、国际配送功能、转口贸易功能于一体,为本地区农产品的出口搭建平台。二是积极兴办农产品专业批发市场。以外向型为主导的市场体系建设，给农产品的销售出路和规模化生产提供保障，为农业产业化发展提供先决条件。面对国外农产品的激烈竞争，在更宽领域、更大规模、更高层次上参与国际竞争与合作，加快农业生产与国际接轨。

（三）生态循环型农业运作模式

生态循环型农业运作模式，是指在保护、改善农业生态环境的前提下，遵循生态学、生态经济学的基本规律，运用系统工程的方法和现代科学技术，采取集约化经营，实现经济效益、生态效益、社会效益统一的模式。生态循环型农业是维持生态平衡、解决生态危机的迫切需要。比如广东省有 5 种生态农业园模式：一是以鱼塘为中心，周边种植花卉、蔬菜、水果的生态农业园；二是按科学方法进行动植物共育和混养的生态农业园；三是种植养殖和沼气池配套组合的生态农业园；四是以山林为基地、种养结合的生态农业园；五是海水和河口养殖加工型生态农业园。这些生态农业园分别适用于珠江三角洲、山区和其他地区，可在加强技术和管理指导的条件下积极推广。

（四）龙头企业带动型的农业开发模式

龙头企业带动型的现代农业开发模式，是指由龙头企业作为现代农业开发和经营主体，本着“自愿、有偿、规范、有序”的原则，采用“公司＋基地＋农户”的产业化组织形式，向农民租赁土地使用权，将大量分散在千家万户中农民的土地纳入到企业的经营开发活动中。这种由龙头企业建立生产基地，在基地进行农业科技成果推广和产业化开发的运行模式，称为龙头企业带动型的现代农业开发模式。

（五）农业科技园运行模式

农业科技园运行模式，是指由政府、集体经济组织、民营企业、农户、外商投资兴建，以企业化的方式进行运作，以农业科研、教育和技术推广单位作为技术依托，引进国内外高新技术和资金、各种设施，集成现有的农业科技成果，对现代农业技术和新品种、新设施进行试验和示范，形成高效农业园区的开发基地、中试基地、生产基地，以此推动农业综合开发和现代农业建设的模式。

（六）山地园艺型农业模式

山地园艺型农业模式，是指立体型、多层次、集约化的复合农业，在充分考虑市场条件和资源优势的基础上，确定适宜当地发展水平产业和项目，引进先进的技术成果与传统技术组装配套，待引进技术和品种试验成熟后，采取各种有效措施在当地推广的模式。

四、农村公共资源管理

（一）农村公共资源管理概述

1. 农村公共资源管理的含义

农村公共资源，是指我国农村地域范围内的土地资源、水资源、草原资源、村庄公共设施和环境等自然的和人工的资源。

农村公共资源管理，是指对农村社会全体居民的共有的土地资源、水资源、草原资源、村庄公共设施和环境等，进行科学规划和良好管理，取得经济利益，促进资源的可持续供给。

2. 农村公共资源管理的原则

（1）合理规划、科学管理的原则。农村的山水林田路等资源充分利用，合理规划，各种人工设施科学管理，充分发挥各自的效能。

（2）可持续发展与保护环境结合的原则。农村公共资源的开发利用不仅要发挥功能，追求经济效益，还应主要节约资源，保护环境。建立有序健康的生态机制，实现发展目标。不能以牺牲环境作为地方经济发展的代价，增强公共资源的可持续供给。

（3）公平与效率统一的原则。公共资源是全体农村居民共有的财产，必须实现在全体农村居民中的公平分配，尊重农民群众的意愿，维护全体村民的利益。

(二)农村土地资源管理

1. 农村土地管理

十分珍惜、合理利用土地和切实保护耕地是我国的基本国策。国家编制土地利用总体规划，规定土地用途，将土地分为农用地、建设用地和未利用地。严格限制农用地转为建设用地，控制建设用地总量，对耕地实行特殊保护。农用地是指直接用于农业生产的土地，包括耕地、林地、草地、农田水利用地、养殖水面等；建设用地是指建造建筑物、构筑物的土地，包括城乡住宅和公共设施用地、工矿用地、交通水利设施用地、旅游用地、军事设施用地等；未利用地是指农用地和建设用地以外的土地。使用土地的单位和个人必须严格按照土地利用总体规划确定的用途使用土地。

2. 农村土地承包

(1)农村土地承包合同。农村土地的所有权归集体经济组织所有，农民通过与村民委员会签订土地承包合同获得了土地的使用权、经营自主权、流转选择权、收益权、法定处分权，履行相应义务。村民与集体经济组织订立承包合同必须经过法定的程序，为了维护双方的经济关系的稳定性，避免纠纷，需要双方经法定程序或采用书面形式订立的承包合同。承包方与发包方应当根据合同规定行使权利承担义务。

(2)签订土地承包合同。召开本集体经济组织成员的村民会议，讨论通过承包方案。承包方案应当依法经本集体经济组织成员的村民会议三分之二以上成员或者三分之二以上村民代表的同意。发包方将农村土地发包给本集体经济组织以外的单位或者个人承包，应当事先经本集体经济组织成员的村民会议三分之二以上成员或者三分之二以上村民代表的同意，并报乡(镇)人民政府批准。由本集体经济组织以外的单位或者个人承包的，应当对承包方的资信情况和经营能力进行审查后，再签订承包合同。村民根据通过的承包方案与村民委员会签订土地承包合同。

(3)发包方的权利和义务。发包方在履行土地承包合同中享有收取承包金或承包费的权利；发包的权利；收回土地的权利；监督承包方合理利用土地的权利；制止承包方损害承包地和农业资源的行为的权利等。发包方在履行农村土地承包合同过程中承担的义务主要有：维护承包方的土地承包经营权，不得非法变更、解除承包合同；尊重承包方的生产经营自主权，不得干涉承包方依法进行正常的生产经营活动；依照承包合同约定为承包方提供生产、技术、信息等服务；执行县、乡（镇）土地利用总体规划，组织本集体经济组织内的农业基础设施建设；法律、行政法规规定的其他义务。家庭承包的承包方是本集体经济组织的农户。

（4）承包方的权利义务。承包方享有下列权利：依法享有承包地使用、收益和土地承包经营权流转的权利，有权自主组织生产经营和处置产品；承包地被依法征用、占用的，有权依法获得相应的补偿；法律、行政法规规定的其他权利。承包方承担下列义务：维持土地的农业用途，不得用于非农建设；依法保护和合理利用土地，不得给土地造成永久性损害；法律、行政法规规定的其他义务。土地承包经营的期限耕地为三十年；草地为三十年至五十年；林地为三十年至七十年；特殊林木的林地承包期，经国务院林业行政主管部门批准可以延长。在承包期内，无论农民是否从事农业，是否仍以农为生，除非他主动放弃土地的承包权，否则任何组织或个人都不得通过任何手段使农民失去承包的土地。

（5）土地承包经营权。农村集体经济组织成员在法律规定或者合同约定的范围内享有对本村集体经济组织所有的土地、森林、山岭、草原、荒地、滩涂、水面等进行占有、使用、收益和流转等方面的权利。在土地承包中，妇女享有与男子平等的权利，任何组织和个人不得剥夺、侵害妇女应当享有的土地承包经营权。不能说“外嫁女”没有承包权。只要是本村集体经济组织成员就可以依法承包农村土地。外出务工农民即使在发包期间没有在家或者长时间外出务工没有回家，依然拥有土地的承包经营权，不能被剥夺或任意收回。

(6)土地承包经营权的流转。通过家庭承包取得的土地承包经营权可以依法采取转包、出租、互换、转让或者其他方式流转。

(7)农村土地承包纠纷解决。因土地承包经营发生纠纷的,双方当事人可以通过协商解决,也可以请求村民委员会、乡(镇)人民政府等调解解决。当事人不愿协商、调解或者协商、调解不成的,可以向农村土地承包仲裁机构申请仲裁,也可以直接向人民法院起诉。

(三)农村水资源管理

水资源,包括地表水和地下水。农村局部地区水土流失严重,生态环境有恶化的趋势,水土保持的前景不容乐观。农村水环境污染比较严重,有的河流不但不能饮用,甚至还不能满足养殖、灌溉的要求。农村水资源管理主要措施如下。

1. 加强水利设施的建设与维护

(1)2011 年的中央一号文件聚焦水利事业的改革和发展,水利设施的好坏,直接影响农业生产和农民的收益。加强水利基础设施建设与维护,建设好、管理好水利设施。农村集体经济组织的水塘和由农村集体经济组织修建管理的水库中的水,归各该农村集体经济组织使用。小型水库、农田机井、灌区末级渠系属于县、乡或村所有,在目前土地以家庭经营承包为主的生产经营模式下,依靠乡、村集体和农民群众来管好、用好农田水利设施。国家有关部门来解决农田水利工程维护运行经费保障和机制问题,按照“政企分开、政事分开、管养分离”的原则,对公益性部分将其工资和养护经费纳入公共财政,提高管护效果,充分发挥已建农田水利工程的效益。

(2)加快小型农田水利设施建设。在大中型水利工程难以覆盖的地方,要优先安排资金,引导农民因地制宜兴建一批水窖、集雨池等积水灌溉工程。在有水无井、配套不健全的地方,进行井电配套、渠系延伸,扩大灌溉面积。

(3)普及推广节水灌溉技术。要因地制宜大力发展节水灌溉,重点发展投资大、效益高的喷灌、滴灌、雾灌等节水灌溉模式以及地埋管道、软带微喷等经济实用的节水灌溉模式。

(4)着力抓好农村饮水安全。农村安全饮水工程建设,是当前最受农民欢迎的民心工程之一。要进一步加大对农村安全饮水工程的投入力度,扩大范围,提高标准,让更多的农民得到实惠。

2. 节约利用水资源

节制用水是实现水资源可持续开发利用并支撑国民经济可持续发展和人民生活水平可持续提高的最有效手段。我国水资源较为缺乏,价格无疑将成为合理利用水资源的杠杆。要信息公开,要使百姓明白价格的成本与涨价的缘由,同时,水资源费的调整一定是在合理范围之内的。加大宣传力度,农村集体经济组织、企业和农村居民都有节约用水的义务。

3. 保护水资源、水域和水工程

禁止在江河、湖泊、水库、运河、渠道内弃置、堆放阻碍行洪的物体和种植阻碍行洪的林木及高秆作物。禁止在河道管理范围内建设妨碍行洪的建筑物、构筑物以及从事影响河床稳定、危害河岸堤防安全和其他妨碍河道行洪的活动。国家实行河道采沙许可制度。禁止围湖造地。已经围垦的,应当按照国家规定的防洪标准有计划地退地还湖。

4. 进行水权制度改革

合理地利用水资源就必须科学地管水、用水、节水。实现节水,应对缺水危机,不仅要依靠工程措施和科技进步,还要依靠产权制度建设和群众的广泛参与。例如,在节水型社会试点建设中,甘肃省张掖市不断改革用水方式和管理模式,形成了新的水权运行机制——“总量控制、定额管理、以水定地(产)、配水到户、公众参与、水量交易、水票流转、城乡一体”,大幅度提高了水资源的使用效率。成立了“农民用水者协会”。协会成员由农民选举产生,参与水资源管理,负责将水权分至各农户,向农民出售水票,管理配套水利设施等。由协会来宣传和协调合理用水,农民可根据《水权使用证》标明的水量购买水票,用水时先交水票后放水,用水纠纷很少发生。目前,张掖市已成立农民用水者协会790个,全市70%的灌区实行了水票制。建立了“政府调控、市场引导、公众参与”的节水型社会运行机制,构筑着与水资源相适应的经济结构和社会发展体系。

(四)农村林地林木管理

林地,包括郁闭度0.3以上的乔木林地、疏林地、灌木林地、竹林地、经济林地、苗圃地、未成林造林地、采伐迹地、火烧迹地以及国家规划的宜林地。

1. 林地权属管理

林地属国家所有,由法律规定属于集体所有的除外。国有、集体所有的林地或全民、集体、个人使用的林地,由县级以上人民政府造册登记,核发证书,确认所有权或者使用权。

2. 林地的保护和利用

需要在征用、占用林地上采伐林木的,由原林地经营单位或个人向县级以上林业主管部门申办林木采伐许可证,采伐林木纳入当年的年森林采伐限额,所伐林木归林权单位或个人所有。禁止毁林开荒、毁林采石、采砂、采土以及其他毁坏林地资源的行为。禁止在未成林造林地、幼林地、封山育林区和特种用途林地内砍柴、放牧和从事非林业生产经营活动。任何形式的林权流转,都不得改变林地集体所有权性质;农户将部分或者全部林地承包经营权通过转包、租赁或股份合作等形式进行流转时,原林地承包关系不变。

3. 林权流转

集体林地应当通过家庭承包方式落实到本集体经济组织的农户,确立农民作为林地承包经营权人的主体地位,也可以通过均股、均利等其他方式落实产权。

坚持在“依法、自愿、有偿”的前提下进行林权流转。林地、林木的流转要符合有关法律、法规和政策规定,充分尊重农民意愿,流转的条件、方式、期限和价格由流转双方协商决定,流转的价格也可以共同委托有相应资格的中介组织评估确定,但不得改变林地用途和公益林性质,林地承包经营权流转的期限不得超出原承包合同确定的有效剩余期限。

积极稳妥有序开展林权流转。坚决反对违背农民意愿,强迫农民流转林地和林木,严禁将有权属争议的林地和林木进行流转,严禁将未承包到户的集体林地和林木低价流转,切实防止在林权流转过程中发生乱砍滥伐林木、乱占滥垦林地等现象。采伐迹地在未完成更新造林任务或者未明确更新造林责任时不得流转。任何组织和个人不得截留、扣缴或挪用农户的林权流转收益。

(五)草原资源管理

草原,是指天然草原和人工草地。

1. 草原权属

(1)草原的所有权归国家。草原属于国家所有,由法律规定属于集体所有的除外。国家所有的草原,由国务院代表国家行使所有权。任何单位或者个人不得侵占、买卖或者以其他形式非法转让草原。国家所有的草原,可以依法确定给全民所有制单位、集体经济组织等使用。依法确定给全民所有制单位、集体经济组织等使用的国家所有的草原,由县级以上人民政府登记,核发使用权证,确认草原使用权。未确定使用权的国家所有的草原,由县级以上人民政府登记造册,并负责保护管理。集体所有的草原或者依法确定给集体经济组织使用的国家所有的草原,可以由本集体经济组织内的家庭或者联户承包经营。

(2)草原承包经营。在草原承包经营期内,不得对承包经营者使用的草原进行调整;个别确需适当调整的,必须经本集体经济组织成员的村(牧)民会议三分之二以上成员或者三分之二以上村(牧)民代表的同意,并报乡(镇)人民政府和县级人民政府草原行政主管部门批准。集体所有的草原或者依法确定给集体经济组织使用的国家所有的草原由本集体经济组织以外的单位或者个人承包经营的,必须经本集体经济组织成员的村(牧)民会议三分之二以上成员或者三分之二以上村(牧)民代表的同意,并报乡(镇)人民政府批准。

(3)草原承包合同。承包经营草原,发包方和承包方应当签订书面合同。草原承包合同的内容应当包括双方的权利和义务、承包草原四至界限、面积和等级、承包期和起止日期、承包草原用途和违约责任等。承包期届满,原承包经营者在同等条件下享有优先承包权。

承包经营草原的单位和个人,应当履行保护、建设和按照承包合同约定的用途合理利用草原的义务。

2. 草原利用

草原承包经营权受法律保护,可以按照自愿、有偿的原则依法转让。牧区的草原承包经营者应当实行划区轮牧,合理配置畜群,均衡利用草原。国家提倡在农区、半农半牧区和有条件的牧区实行牲畜圈养。草原承包经营者应当按照饲养牲畜的种类和数量,调剂、储备饲草饲料,采用青贮和饲草饲料加工等新技术,逐步改变依赖天然草地放牧的生产方式。在草原禁牧、休牧、轮牧区,国家对实行舍饲圈养的给予粮食和资金补助,具体办法由国务院或者国务院授权的有关部门规定。

3. 草原保护

国家实行基本草原保护制度。下列草原应当划为基本草原,实施严格管理:①重要放牧场;②割草地;③用于畜牧业生产的人工草地、退耕还草地以及改良草地、草种基地;④对调节气候、涵养水源、保持水土、防风固沙具有特殊作用的草原;⑤作为国家重点保护野生动植物生存环境的草原;⑥草原科研、教学试验基地;⑦国务院规定应当划为基本草原的其他草原。

禁止开垦草原。对水土流失严重、有沙化趋势、需要改善生态环境的已垦草原,应当有计划、有步骤地退耕还草;已造成沙化、盐碱化、石漠化的，应当限期治理。对严重退化、沙化、盐碱化、石漠化的草原和生态脆弱区的草原，实行禁牧、休牧制度。

（六）农村公路管理养护

农村公路包括县道、乡道和村道。

1. 建立符合农村公路实际的管理养护体制

农村公路管理养护按照“统一领导，分级负责，以县为主，分类养护，依法管理”的原则，进一步理顺管养体制，落实乡镇政府对农村公路的管养责任，强化交通部门的管理职能。农村道路管理站承担农村公路的日常管理和养护工作，拟定农村公路养护工程计划和养护计划，并按照批准的计划组织实施，组织养护工程的招投标和发包工作，检查、验收农村公路养护质量，负责农村公路路政管理和路产路权保护。

乡镇人民政府和村民委员会应配合支持农村公路管理养护工作，做好乡、村公路管理养护的以下工作：①环境保障；②公路及其设施的保护；③必要的养护资金筹措；④劳动力投入。

2. 健全农村公路管养工作机构

每个乡镇成立农村公路管理养护所，所长由农村公路管理站委派，副所长由乡镇政府推荐1名干部兼任。乡镇农村公路管理养护所按照农村公路管理站的安排，负责本辖区农村公路养护工作。农村公路管理站按照一路一队、个人承包领养相结合原则组建养路队，2～4千米配备1名养路队员。

（七）村庄规划管理

1. 村庄规划内容

村庄规划包括村庄总体规划和村庄建设规划。县级人民政府编制的县域规划，对本行政区域内的村庄的总体格局做出安排，报设区的市人民政府批准后公布实施。村庄总体规划在县级建设行政主管部门的指导下，由乡（镇）人民政府依据县域规划组织编制，提交乡（镇）人民代表大会审议同意，报县级人民政府批准后公布实施。

2. 村庄总体规划的内容

乡(镇)行政区域内的村庄布点,村庄规模和发展方向,村庄和村民住宅的总体风格,村庄的道路交通、供水、排水、供电、通信、绿化、企业和教育、卫生、体育、文化、广播电视等设施的配置。村庄建设规划的主要内容包括:住宅布局和建筑风格,道路走向、宽度,养殖和加工等产业发展用地,供水、排水、供电、通信及其他工程管线和绿化、环境卫生等生产生活设施的具体安排,本村企业和教育、卫生、体育、文化等各项建设的用地布局和规模。

村庄总体规划的年限一般为20年,村庄建设规划的年限一般为10年。我国目前经济发展水平中等或者较差、村庄经济收入和人均收入较低,基础设施建设落后的村庄数量众多,村庄规划应切合实际,不应把转换居住方式即上楼居住当做村庄建设的成就性标志,不应对共用基础设施建设规模超前(超标)设计,村庄规划不宜搞“一刀切”。

3. 搞好社会主义新农村建设规划

《纲要》第七章“改善农村生产生活条件”指出,按照推进城乡经济社会发展一体化的要求,搞好社会主义新农村建设规划,加强农村基础设施建设和公共服务,推进农村环境综合整治。第一节“提高乡镇村庄规划管理水平”提出,适应农村人口转移的新形势,坚持因地制宜,尊重村民意愿,突出地域和农村特色,保护特色文化风貌,科学编制乡镇村庄规划。合理引导农村住宅和居民点建设,向农民免费提供经济安全适用、节地节能节材的住宅设计图样。合理安排县域乡镇建设、农田保护、产业聚集、村落分布、生态涵养等空间布局,统筹农村生产生活基础设施、服务设施和公益事业建设。

4. 创新村庄环境建设管理

村民委员会负责组织村庄建设规划的实施和管理工作。针对各地农村差异,在实施过程中,忌刮风、搞形式主义,也不能“扒房子”、搞整齐划一,必须村民自愿。在用水严重短缺、地质灾害易发地区、地下采空地区等不适宜人居地方的村庄和农户，县级、乡（镇）人民政府应当按照规划，有计划地实施搬迁，集中建设新村或者迁入其他村庄；对有一定保护价值的村庄，如存在古民居、古祠堂和纪念性建筑等文化遗产，应当进行重点保护和修缮，新建建筑应当与原有建筑风格相协调；各级政府应当安排各项专用资金，用于村庄基础设施、公共设施等建设，并鼓励单位和个人投资兴建公共设施，可合理收取费用。实施“道路硬化、环境洁化、河道净化、民居美化、村庄绿化”的环境建设目标。加快城市基础设施向农村延伸，城市公共服务向农村覆盖。环境建设的措施有以下 6 个方面：

（1）从解决农村通讯、用水、用电等基础设施建设入手，修建公路、铺设排水排污沟（管）、安装路灯。实现“三清五通五改”工程，即清垃圾、清污泥、清路障；通水、通路、通电话、通电、通广播电视；改水、改厕、改路、改圈、改房。使农民自觉拆除影响村容村貌的破旧房子和圈舍，主动进行房前屋后的绿化美化建设。

（2）组建村庄卫生保洁队伍，制定村庄环境卫生管理公约、环境卫生保洁运行管理制度，配备环卫工具，筹措保洁资金，根据各地的经济生活水平的高低不同按人均标准征收农村垃圾处理费，市、县财政给予补助。在固定地点设立垃圾收集容器。地理位置较偏僻的地区，采用“村收集、乡清运、中心镇处理”模式。交通不便的边远地区、山区以中心村为单元，实行“统一收集、就地分类、综合处理”模式。住户分散的村庄推行农家堆肥方式，实现垃圾资源化利用。可以通过招投标的方式包给个体户或公司运营商经营无害化垃圾处理。

（3）加快太阳能、沼气、秸秆气化、生物质能等新能源的开发利用和推广，推广有机肥使用，对农作物实现保护性耕作，减少因焚烧秸秆造成的环境污染，提高空气质量。

（4）完成安全饮水工程，让农村村民尽快喝上安全、卫生的饮用水。

(5)实施公路绿化、水源涵养林建设等绿化造林工程。

(6)注重对矿山生态治理及植被修复,提升农村环境建设的整体水平。

村庄治理与环境建设应本着自力更生、就地取材、厉行节约、多办实事的原则,节地、节能、节材、节水,在环境建设中力求做到不推山、不填塘、不砍树,节约利用土地资源。《纲要》第七章"改善农村生产生活条件"第四节"推进农村环境综合整治"指出,治理农药、化肥和农膜等面源污染,全面推进畜禽养殖污染防治。加强农村饮用水水源地保护、农村河道综合整治和水污染综合治理。强化土壤污染防治监督管理。实施农村清洁工程,加快推动农村垃圾集中处理,开展农村环境集中连片整治。严格禁止城市和工业污染向农村扩散。

实例:"五大工程"力推农业可持续发展

2011 年浙江省海盐县大力推进现代农业"五大工程"建设,即:建设粮食生产功能区、建设现代农业园区、培育现代农业经营主体、创建农业品牌、推进土地流转。以此推动全县农业布局优化、规划集聚、产业融合、功能拓展,促进农业可持续发展。

海盐县已建成粮食生产功能区 2.72 万亩,其中千亩以上示范区 11 个。启动建设了凤凰省级现代农业综合区,秦山联众蔬菜、长山河蚕桑主导产业示范区等,共投入各级建设资金 3 946 万元。新增县级以上农业龙头企业 10 家,23 家加工型农业龙头企业实现销售收入 22.57 亿元,新建农民专业合作社 15 家,联结基地 5.27 万亩,带动农户 8.15 万户次,实现收入 3.87 亿元,新增土地流转面积 2.22 万亩。在现代农业园区建设方面,全年计划启动相关项目 21 个,计划投入建设资金 11 772 万元,截至 2011 年 3 月底,已启动百步富水龙罗氏沼虾产业示范区、沈荡旭达罗氏沼虾精品园和百步野荡中华鳖精品园建设,全县各类园区共新增建设资金 600 余万元。

进一步加大对现代农业园区建设的扶持力度，切实修订完善相关扶持政策，落实园区内农业重点项目用地、用电等优惠政策。整合水利、交通、农业综合开发等相关资金，做好园区的基础设施建设等。

加快推进土地流转，加强“双十百”主体培育。围绕现代农业园区内土地流转率要达到40%以上这一目标，鼓励更多的农业主体积极参与到园区土地流转中来，为园区建设搭建平台。通过相关平台，鼓励组建更多的现代家庭农场、农产品生产加工企业、农业营销公司和农业专业合作社。鼓励农业经营主体进一步做大规模，做强实力，并投入到“两区”建设。海盐还将加强农业招商引资，引进更多更好的农业投资项目，特别是争取引进粮油、畜禽、水产品等农产品加工企业。把农业招商引资项目与“两区”建设以及现代农业经营主体培育紧密结合起来，引导更多科技含量高、产业发展成长性好、带动性强的项目向现代农业园区集聚。

专题七　村级政务管理

一、农村党团组织建设

（一）农村基层党组织建设

1. 农村基层党组织概述

（1）农村基层党组织的地位。《中国共产党党章》明确规定，农村……凡是有正式党员三人以上的，都应当成立党的基层组织。在中国共产党近8 000万党员的执政党方阵里，基层党组织是全部工作和战斗力的基础，是落实党的路线、方针、政策和各项工作任务的战斗堡垒。农村基层干部队伍的核心是村党支部或党总支部，而村党支部（党总支）书记又是支部班子的核心。支部书记素质高，表率作用强，整个党组织的战斗力才会强。选准一个好的支部（或总支）书记，对一个村来说至关重要。在社会转型时期，它们任务繁重，基层党组织作用发挥的好坏，直接关系党的执政能力、执政基础和作风形象。

党的十六届五中全会提出了建设社会主义新农村的重大历史任务。建设新农村，必然对农村基层党组织提出新的更高的要求。中共中央、国务院《关于推进社会主义新农村建设的若干意见》明确要求，不断增强农村基层党组织的战斗力、凝聚力和创造力，充分发挥农村基层党组织的领导核心作用，为建设社会主义新农村提供坚强的政治和组织保障。农村基层党组织是党在农村的组织基础，是实现党在农村的正确领导的基础，是党在农村的力量和智慧的源泉，是维护党的先进性、纯洁性的重要关口，农村党员直接、经常、具体地体现着党组织的战斗堡垒作用。

（2）农村基层党组织的产生。党的基层组织，根据工作需要和党员人数,经上级党组织批准,分别设立党的基层委员会、总支部委员会、支部委员会。基层委员会由党员大会或代表大会选举产生,总支部委员会和支部委员会由党员大会选举产生,提出委员候选人要广泛征求党员和群众的意见。党的基层委员会每届任期三年至五年,总支部委员会、支部委员会每届任期两年或三年。基层委员会、总支部委员会、支部委员会的书记、副书记选举产生后,应报上级党组织批准。

党的支部(或总支)委员会委员候选人,按照德才兼备和班子结构合理的原则提名。委员候选人的差额为应选人数的20%。选出的委员,报上级党组织备案;选出的书记、副书记,报上级党组织批准。正式党员有表决权、选举权、被选举权。受留党察看处分的党员在留党察看期间没有表决权、选举权、被选举权,预备党员没有表决权、选举权和被选举权。选举应尊重和保障党员的民主权利,充分发扬民主,体现选举人的意志。任何组织和个人不得以任何方式强迫选举人选举或不选举某个人。召开党员大会进行选举时,有选举权的到会人数超过应到会人数的4/5,会议有效。召开党员大会进行选举,由上届委员会主持。不设委员会的党支部进行选举,由上届支部书记主持。召开党员代表大会进行选举,由大会主席团主持。大会主席团成员由上届委员会或各代表团(组)从代表中提名,经全体代表酝酿讨论,提交代表大会预备会议表决通过。

委员会第一次全体会议选举书记、副书记。召开党员代表大会的,由大会主席团指定一名主席团成员主持;召开党员大会的,由上届委员会推荐一名党员主持。实行差额预选时,赞成票超过实到会有选举权的人数半数的,方可列为候选人。进行正式选举时,被选举人获得的赞成票超过实到会有选举权的人数的一半,始得当选。

(3)农村基层党组织的基本任务。①宣传和执行党的路线、方针、政策,宣传和执行党中央、上级组织和本组织的决议,充分发挥党员的先锋模范作用，团结、组织党内外的干部和群众，努力完成本单位所担负的任务。②组织党员认真学习马克思列宁主义、毛泽东思想、邓小平理论和“三个代表”重要思想，学习科学发展观，学习党的路线、方针、政策和决议，学习党的基本知识，学习科学、文化、法律和业务知识。③对党员进行教育、管理、监督和服务，提高党员素质，增强党性，严格党的组织生活，开展批评和自我批评，维护和执行党的纪律，监督党员切实履行义务，保障党员的权利不受侵犯。加强和改进流动党员管理。④密切联系群众，经常了解群众对党员、党的工作的批评和意见，维护群众的正当权利和利益，做好群众的思想政治工作。⑤充分发挥党员和群众的积极性创造性，发现、培养和推荐他们中间的优秀人才，鼓励和支持他们在改革开放和社会主义现代化建设中贡献自己的聪明才智。⑥对要求入党的积极分子进行教育和培养，做好经常性的发展党员工作，重视在生产、工作第一线和青年中发展党员。⑦监督党员干部和其他任何工作人员严格遵守国法政纪，严格遵守国家的财政经济法规和人事制度，不得侵占国家、集体和群众的利益。⑧教育党员和群众自觉抵制不良倾向，坚决同各种违法犯罪行为作斗争。

乡、镇党的基层委员会和村党组织，领导本地区的工作，支持和保证行政组织、经济组织和群众自治组织充分行使职权。

2. 加强农村基层党组织队伍建设

（1）提高领导发展的能力。发展是党执政兴国的第一要务，是解决一切问题的关键点。离开了发展，所有农村工作就成了无源之水，无本之木，无论是经济发达的东部地区，还是经济社会发展相对滞后的西部地区，加快农村发展的要求一样非常紧迫、任务艰巨。加快农村发展，离不开强有力的农村基层党组织。必须重视加强和改善农村基层党组织建设，充分发挥其领导核心作用，不断提高其领导发展的能力，使其真正成为发展农村经济、推进社会主义新农村建设的火车头。

（2）选好配强支部一班人。农村基层党组织是党在农村全部工作和战斗力的基础,也是建设社会主义新农村的组织者和实践者。新农村建设的主体是农民,需要有一个团结务实、廉洁奉公、开拓创新的村级领导班子来带领农民搞建设。农村基层党组织是最直接的组织者,农村基层干部是最基础的落实群体。因此,要把加强农村基层党组织建设、选准配强村级领导班子作为农村各项工作的龙头。通过强化村党支部的战斗堡垒作用,提高村干部的整体素质和执政能力,"好天好地不如有个好书记","给钱给物不如有个好支部",农民的这些朴实的话语充分说明了加强领导班子建设,特别是主要负责人的重要。实践证明,建设一个好班子,特别是选好一个好书记,是基层党组织建设的关键。因此,要创新用人机制,把党性强、作风正、会管理、善经营的人选为党支部书记。按照"抓好一把手、带好一班人、建好一支队伍"的工作要求,把村党支部班子建设放在首位,努力提高广大党员干部的整体素质,建设一支高素质的党员干部队伍,让每一个农村基层党员都能够成为带领群众发展经济、带领群众共同致富的能手,发挥先锋模范作用,使村级党组织成为带领群众走共同富裕道路的坚强领导核心,为加快建设社会主义新农村奠定坚实的组织基础。

(3)强化党员队伍建设。没有一支高素质的党员队伍,党的先进性就无从谈起。农村党员队伍是农村党建的基础,是党支部发挥核心作用的基础,必须高度重视基层党组织队伍建设,增强农村党员队伍活力,为促进农村改革、发展、稳定提供可靠有力的保障。一是不断壮大党员队伍。要把责任心强、有开拓奉献精神、有知识、有能力的农村青年团结在党组织周围,使之成为党外积极分子,对符合党员标准的适时吸收进党员队伍。要进一步改善党员队伍的年龄和文化结构,把年富力强、有经济头脑、具备科技文化知识、善于经营管理的在乡知识青年、退伍军人、农民专业合作社的骨干、外出务工经商人员充实到党员队伍和基层党组织领导班子中来,提高党员队伍的整体素质,巩固党在农村的群众基础和政权基础。二是加强基层党员的学习。根据新形势、新任务的需要,紧密结合“三个代表”重要思想以及“立党为公、执政为民”的学习教育活动，加强基层党员的学习，强化对广大农村党员的马克思主义唯物论、邓小平理论、党的基本知识、国家法律法规、党在农村的方针政策等方面的学习，提高广大农村党员的马列主义理论水平、综合素质和致富本领。三是加强和改进基层思想政治工作。随着农村社会的不断转型和农民队伍的深刻变化，农村基层党组织要准确把握农民群众生活方式多样化和精神需求日益复杂化的特点，调查了解社会舆论和群众最关心的热点、难点问题，站在维护农民群众利益的角度，对农民群众的困难和困惑进行认真分析和研究，把思想政治工作渗透到解决农村群众实际生产生活困难的工作中，帮助农民群众他们转变观念，化解矛盾，维护稳定，理解和支持基层党组织的工作。四是建章立制，加强对党员的监督和管理。实际工作中，一些基层党员干部工作热情高、工作经验不足、对政策法规不熟悉、素质较低，蛮干，极不利于党的方针政策的贯彻实施。因此，必须加强对党员和基层党组织的约束和监督力度，规范监督机制，推进民主监督，全面推行村级政务公开，将干部的一言一行置于全体群众监督之下。探索针对目前农村基层工作的热点和难点问题，提出解决问题的措施和办法，建立健全责任明确的、具有可操作性和约束力较强的监督运行机制和措施，以确保党的路线、方针、政策的贯彻执行，国家法律法规的严格遵守。对于不合格党员，不履行党章规定的权利和义务，不能发挥模范作用的，要经过党员民主评议，该劝退的劝退，该除名的除名。对于违法乱纪的腐败分子，坚决清除出党，绝不姑息，确保党员队伍的纯洁和活力。

（二）共青团聚青年，促发展

1. 共青团的宗旨

全心全意为人民服务是党的根本宗旨，也是共青团的根本宗旨。农村基层共青团员贯彻这一宗旨，就是要把人民的利益看得高于一切，深深植根于人民群众之中，千方百计地为农民群众多办实事,尽心尽力地帮助农民群众解决生产生活中遇到的实际困难。共青团坚持引导青年为农村社会服务,把党的根本宗旨的要求具体地落实到共青团工作的实处。这既体现了共青团组织的群众性,更体现了共青团组织的先进性。共青团着眼于为党和政府分忧,为人民群众解愁,在服务社会、服务新农村建设方面做力所能及的工作,不但是应该的,也是能够做到的,乃至是可以大有作为的。坚持引导青年为社会服务,是共青团工作的独特要求。共青团不是一般的群众组织,它的根本任务是培养有理想、有道德、有文化、有纪律的社会主义新人。

2. 当前农村基层团组织建设工作存在的问题

农村的未来在青年,农村的发展更在青年。在当前大力构建社会主义新农村的新形势下,了解农村青年尤其是农村留乡青年的基本状况,掌握他们的思想动态、价值取向和发展要求,是一个牵动农村基层团组织工作全局的问题。需要较深层次地了解农村青年的政治态度、政治倾向,参与社会主义新农村的具体设想与做法,较系统地把握当代青年农民的思想动态和生活状况。当前农村基层团组织建设工作存在的带有普遍性问题,主要表现为以下 4 个方面:

(1)村级团组织不健全。如湖南省茶陵县在 359 个应建团组织的行政村中,实际建团的仅为 351 个,兼职的团支书为 340 个,占 97%,初中及以下文化程度的团支书占 88%,由于兼职较多,没有充裕的时间从事团的工作,由于文化程度较低,创造性地开展团工作的意识和能力不强,这使得团组织在农村的号召力和凝聚力明显呈下降趋势。

(2)村级团组织功能不断消退。村级团组织是联系农村青年团员的桥梁和纽带,是农村青年之家。但是目前农村基层青年群众普遍认为,随着农村经济的不断发展和农村配套改革的深入推进,村级党组织老龄化,村级团组织的作用明显退化,不能很好地起到教育引导本村青年团员的作用,更难为农村青年创业、就业搞好服务,战斗力不强,活力不足,没有多大影响力和凝聚力。

(3)村级团干部人选缺乏。税制改革后,村级班子(干部)职数受到严格控制,小村不超过3人,大村不超过5人,村干部平均年龄超过45岁。村级集体经济收入少,村级运转要靠县乡财政转移支付的资金来维持。待遇问题成为制约村级团干部选任配备的一大难题。多年来对村级后备干部包括团干部培养不够,导致当前村级团干部储备不足,待遇难以落实。

(4)村级团组织活动阵地萎缩。经费的不足带来对村级团组织阵地建设投入的不足。农村青年活动场所缺乏,活动无人"牵头"组织,青年人在节假日(尤其是农历春节)主要以串门打牌为主,有的还以赌钱、喝酒取乐,甚至诱发社会治安问题。有的村团支部徒有虚名,多年来未曾开过一次会,没有搞过一次活动,青年团员找不到自己的组织,时间一长,团组织没有了凝聚力,团员失去了荣誉感和自豪感。

3. 农村基层团组织建设和青年工作的思考

现在的农村青年,乡土的命运决定了他们的职业定位——庄稼人。但他们不会像父辈那样规规矩矩的务农,农闲时,他们会走出去打工学技术,积累创业的资本,有机会就搞一些特色农业。面对全国统一的大市场,青年的致富观念已发生了令人鼓舞的变化,他们意识到仅靠传统的农业是难以致富,发展特色农业才是大有作为、科技致富的康庄大道。当代的农村青年正从传统意义上的农民向现代意义上的农业生产经营者转变,在当前和今后一个时期,农村共青团工作和青年工作要坚持以邓小平理论和"三个代表"重要思想为根本指针,以开展"城乡青年文化节"为抓手,坚持以服务促活跃,充分挖掘农村青年的潜能,最大限度地调动农村青年的积极性,把广大农村青年的思想和行动引导到建设社会主义新农村上来。

(1)坚持党建带团建。团的建设是党的建设的有机组成,组成加强党建必须加强团建,加强团建必须坚持党建带团建。在组织上,要高度重视基层团干部的选配工作,要把素质好、能力强、热情高、潜力大的年轻干部选拔到基层团干部岗位上来。进一步规范和完善团干部的管理工作。进一步落实好团干部的各项待遇。团委书记是党员的原则上应提名为同级党委委员候选人。真正把农村基层团组织建设成为有凝聚力和战斗力的坚强集体。

(2)创新基层团组织设置模式。在基层农村,应把“支部建在产业链上”。打破传统的地域区划设置模式,村级普遍建立总支,立足于适应农业产业化进程,提高青年的组织化程度,加快产业建支部步伐,依托龙头企业、生产基地和各种营销组织、经济组织、专业技术协会及专业批发市场建立团支部。

(3)为农村青年营造良好的社会环境。青年们具有长远的眼光,具有敢闯敢拼的冲劲,要借助社会各方面的力量,充分发挥农村青年们的生力军作用,为他们营造良好的社会环境,积极引导他们参与改变村容村貌、改变旧俗陋习。提高农村青年的政治待遇,加大表彰推荐力度,创造宽松的环境,争取党政、财政、科技和教育等部门提供政策、智力、财力、物力支持,引导青年留乡创业。

(4)发挥团组织自身优势。推进农村共青团工作和青年工作,善于合理利用整合资源,发挥青联、“青年志愿者”、“青年文明号”、“希望工程”等团内工作品牌的资源优势,通过科技、资金一帮一结对帮扶、先进集体示范带动等方式,通过联系城市机关或大型企业、院校团组织到农村团支部进行帮扶,转变农村青年的择业观念,激发农村青年的创业激情,增强农村青年的致富信心,探索致富道路。

(5)争取社会各界的支持。推进共青团工作和青年工作的社会化运作,争取社会各界的支持,为农村青年的成长成才搭建更为广阔的舞台。

二、农村法治建设

(一)社会主义法治的内涵

法制是民主的保障,民主是法制的基础。在农村,加强普法教育，推进民主政治，是一切工作的基础。社会主义法治国家的建立，需要公民法律意识的不断提高，需要坚持不懈地推进社会主义民主法制教育。

社会主义法制是指以社会主义民主为基础，体现和反映工人阶级领导的、工农联盟为基础的全体人民的共同意志，代表和实现最广大人民群众的最大利益的法律体系与其创制和实施的活动过程的总称。社会主义法制的基本要求概括起来就是“有法可依、有法必依、执法必严、违法必究”。所谓法律意识，也称“法制观念”或“法治观念”，是指人们对法律的心理、知识、思想和观念等主观反映的总和。法律意识所包含的内容十分丰富，既有人们关于法的本质、价值、地位、作用等的看法，又有对行为和权利义务关系的法律性评价，对法律制度的理解和态度等。伴随着我国民主、法制建设的不断进步，以及社会主义市场经济的确立和发展，我国公民的法律意识也在不断提高，一些现代法律理念，如主体意识、权利意识、宪政意识、诉讼意识、自由、平等和契约观念等，正在深入人心。但是许多落后观念依然存在，积极推进民主法制教育，更新观念，树立现代法律意识，仍然是我国法治建设中一项艰巨而重要的战略任务。社会主义法治理念是体现社会主义法治内在要求的一系列观念、信念、理想和价值的集合体，是指导和调整社会主义立法、执法、司法、守法和法律监督的方针和原则。

依法治国是社会主义法治的核心内容。公平正义是社会主义法治的基本价值取向。尊重和保障人权是社会主义法治的基本原则。法律权威是社会主义法治的根本要求。监督制约是社会主义法治的内在机制。自由平等是社会主义法治的理想和尺度。

（二）农村法治建设的内容

1. 加强农村基层组织建设，健全民主管理制度，建立村党组织领导下充满活力的村民自治制度。

2. 加强镇村综治信访维稳工作，切实把矛盾纠纷解决在基层，消除在萌芽状态，维护农村基层和谐稳定。

3. 坚持以人为本，依法做好土地流转、征收工作，保障农民合法权益。

4. 进一步加强农村法治宣传，提高农村群众法律意识，引导农民群众依法表达诉求，依法维护权益，依法履行义务。

（三）加强农村法治建设的主要措施

1. 围绕社会主义新农村建设目标，加大法律法规的出台力度，完善涉农法律法规体系

一方面，要建立完善农村各项规章制度和行政法规。应结合各地区实际，围绕村民自治和农村经济社会发展有关问题，建立起比较完善的与国家法律、行政法规相配套，与社会主义新农村建设相适应的村规民约及其他规章和制度，使政治、经济、文化和社会管理各方面有法可依、有章可循。另一方面，要加大涉农方面的立法进程，通过立法，从源头上解决农村工作法律缺失的问题。

2. 贴近农民的思想实际，搞活农村法制教育，切实提高农民法律素质

创新法制宣传教育方式方法，把与农民生产、生活相关的法律法规融入通俗易懂的宣传方式之中，并本着“农民需要什么就宣传什么”的原则，加大对经济落后地区，以及偏远贫困地区的普法宣传力度，增强群众对涉农法律法规的认知度；加强乡镇和村“两委”干部的法制培训工作，充分利用各类培训班，分期、分批轮训农村干部，让他们成为守法、用法的带头人。

3. 结合新农村建设需求，创新工作方式，努力提高法律保障效能

建立农村执法工作联席会议制度，定期或不定期召开由农业、民政、工商、税务、政法等部门参加的联席会议，研究解决涉农执法问题。制定利民、便民法律保障措施，在基层执法单位推广一些农村法庭采取的巡回法庭办案方法，开展“法庭到村组、法官进农家”办案活动，减少当事人讼累。

4. 拓展农村法律服务领域，扩大法律援助范围，切实维护农民的合法权益

建立农村法律服务机制，完善农村基层法律服务工作者准入制度，适度发展农村基层法律服务力量。扩大农村法律援助范围，依托基层司法所和法律服务所，充分发挥法律援助工作站和法律援助志愿者的作用，深入开展法律帮困、法律扶贫、法律维权等特色工作。拓展法律服务领域，引导城市律师事务所，以顾问制、服务团制和建立法律服务联络点等多种形式，积极为"三农"提供法律服务。

5. 推进农村综合治理，维护农村法治秩序，保障农村社会平安稳定

着力构建风险评估机制，对农村征地拆迁等重大问题进行先期预测。进一步完善矛盾纠纷排查调处工作机制，探索人民调解、行政调解和司法调解有机结合的途径，并对可能引发群体性事件和可能转化成刑事案件的矛盾纠纷进行重点排查调处，把矛盾化解在萌芽状态。切实发挥治安防控体系的整体功效，积极预防和打击农村犯罪活动，铲除农村黑恶、邪教势力，扫除黄赌毒，净化农村环境。

三、村民委员会组织法与民主选举

（一）村民委员会，直接选举产生的基层群众性自治组织

1998 年《中华人民共和国村民委员会组织法》（以下简称《村民委员会组织法》）正式实施，到 2011 年，全国绝大多数省份开展了 8 轮以上的村委会换届选举工作，取得了显著成效。特别是近些年来村民参与热情持续高涨，选举活动日益规范；村党组织书记和村委会主任"一肩挑"、村"两委"班子成员交叉任职的比例明显提高；村委会成员的年龄结构、文化结构、性别结构有较大改善。据不完全统计，已有 3.5 万名大学生"村官"当选村"两委"成员，其

中还有一部分当选为村委会主任，成为村委会班子的新生力量，提高了村级组织带领农村发展的水平。从今年开始，全国 31 个省（自治区、直辖市）将陆续开展新一轮村委会换届选举工作，将涉及全国 59 万个村委会近 6 亿有选举权的村民，将选举产生 230 多万名村委会干部。

村民委员会的性质是建立在农村的基层群众性自治组织，不是国家基层政权组织，不是一级政府，也不是乡镇政府的派出机构。村民委员会对村民会议负责并报告工作，村民委员会虽不是一级政府，却在村民自治中发挥着重要作用。它的主要任务是办理村里的公共事务、调节民间纠纷和维护村里的治安等。农村党支部（或党总支）应积极主动加强党对村民自治的领导，同时加强自身队伍建设，形成在村党支部（或党总支）领导下的村民自治运行机制。

（二）完善民主议事制度

2010 年 10 月 28 日十一届全国人大常委会第十七次会议通过了《中华人民共和国村民委员会组织法》修正案，进一步完善了民主议事制度。民主议事是村民自治中村民行使民主权利、维护自身利益的重要制度，对于制约村民委员会不作为或者滥作为发挥着重要作用。近年来，一是农村外出务工经商人员较多，绝大多数人不愿意专门为参加村民会议或选举而回村，二是部分村民参与意识不强，从而使村民会议召集难，三是村组合并增加了村民会议召开的难度。

鉴于这些情况，修改后的法律规定，人数较多或者居住分散的村，可以设立村民代表会议，讨论决定村民会议授权的事项。村民代表会议由村民委员会成员和村民代表组成，村民代表应当占村民代表会议组成人员的五分之四以上，妇女村民代表应当占村民代表会议组成人员的三分之一以上。法律明确，村民代表由村民按每五户至十五户推选一人，或者由各村民小组推选若干人。村民代表的任期与村民委员会的任期相同。村民代表可以连选连任。村民代表应当向其推选户或者村民小组负责，接受村民监督。法律还规定，村民代表会议由村民委员会召集。村民代表会议每季度召开一次。有五分之一以上的村民代表提议，应当召集村民代表会议。村民代表会议有三分之二以上的组成人员参加方可召开，所作决定应当经到会人员的过半数同意。

（三）明确村委会成员候选人资格条件

修改后的《村民委员会组织法》明确，村民提名候选人，应当从全体村民利益出发，推荐奉公守法、品行良好、公道正派、热心公益、具有一定文化水平和工作能力的村民为候选人。法律规定，候选人的名额应当多于应选名额。村民选举委员会应当组织候选人与村民见面，由候选人介绍履行职责的设想，回答村民提出的问题。法律还规定，选举实行无记名投票、公开计票的方法，选举结果应当当场公布。选举时，应当设立秘密写票处。

（四）规范村民选举委托投票行为

修改后的《村民委员会组织法》规定，登记参加选举的村民，选举期间外出不能参加投票的，可以书面委托本村有选举权的近亲属代为投票。村民选举委员会应当公布委托人和受委托人的名单。具体选举办法由省、自治区、直辖市的人民代表大会常务委员会规定。法律还规定，登记参加选举的村民名单应当在选举日的二十日前由村民选举委员会公布。对登记参加选举的村民名单有异议的，应当自名单公布之日起五日内向村民选举委员会申诉，村民选举委员会应当自收到申诉之日起三日内作出处理决定，并公布处理结果。

（五）规范对村民委员会成员的罢免程序

为了解决在一些地方出现的，村民委员会成员“难罢免”和“乱罢免”现象，确保村民委员会正常工作运转，修改后的《村民委员会组织法》明确规定，本村五分之一以上有选举权的村民或者三分之一以上的村民代表联名，可以提出罢免村民委员会成员的要求，并说明要求罢免的理由。被提出罢免的村民委员会成员有权提出申辩意见。法律明确,罢免村民委员会成员,须有登记参加选举的村民过半数投票,并须经投票的村民过半数通过。

(六)村民委员会每届任期三年

修改后的《村民委员会组织法》规定,村民委员会每届任期三年,届满应当及时举行换届选举。村民委员会成员可以连选连任。法律规定,村民委员会主任、副主任和委员,由村民直接选举产生。任何组织或者个人不得指定、委派或者撤换村民委员会成员。法律还明确,村民委员会的选举,由村民选举委员会主持。村民选举委员会由主任和委员组成,由村民会议、村民代表会议或者各村民小组会议推选产生。村民选举委员会成员被提名为村民委员会成员候选人,应当退出村民选举委员会。

(七)增加选民登记的规定

修改后的《村民委员会组织法》明确,年满十八周岁的村民,不分民族、种族、性别、职业、家庭出身、宗教信仰、教育程度、财产状况、居住期限,都有选举权和被选举权;但是,依照法律被剥夺政治权利的人除外。法律规定,村民委员会选举前,应当对下列人员进行登记,列入参加选举的村民名单:

1. 户籍在本村并且在本村居住的村民。

2. 户籍在本村,不在本村居住,本人表示参加选举的村民。

3. 户籍不在本村,在本村居住一年以上,本人申请参加选举,并且经村民会议或者村民代表会议同意参加选举的公民。

法律明确规定,已在户籍所在村或者居住村登记参加选举的村民,不得再参加其他地方村民委员会的选举。

四、村民自治与村务公开

(一)村民自治,广大村民充分行使自治权利

在村民自治中,广大村民是村民自治的主体。村民的权利包括:选举权和被选举权、罢免村民委员会成员的权利、在村级经济和社会事务中的自治权、对村级事务监督权。村民自治的事项包括下列几个方面：

1. 村民委员会的设立、撤销、范围调整。

2. 村民委员会成员的直接选举与罢免。

3. 通过召开村民会议决定重要事项。

4. 村民委员会对村民会议负责并报告工作，村民会议对村民委员会工作报告进行审议，对村民委员会成员工作进行评议。

5. 村民小组长的推选产生。

6. 法律规定的村民委员会提请村民会议讨论决定的事项。

7. 村民代表的推选和村民代表会议的召开，村民会议授权村民代表会议讨论决定的事项。

8. 监督法律规定的村民委员会职责、任务、权利和义务的实行和履行情况。

（二）村民委员会的主要任务

1. 办理本居住地区的公共事务和公益事业

公共事务是指与本村全体村民生产和生活直接相关的事务。公益事业是本村的公共福利事业。主要包括：修桥铺路、兴办学校（幼儿园或敬老院）、兴修水利、植树造林、整理村容村貌、扶助贫困、救助灾害等。村民委员会办理本村公共事务和公益事业，要着眼于解决村民生产生活存在的实际困难，实事求是，量力而为，从本村实际情况出发，考虑村民的需要和承受能力，决定办理的事项，要坚持民主自愿的原则，充分发动村民就所办理事项进行讨论并决定，自愿去办理。

2. 调解民间纠纷

这是一项重要的经常性工作。由于各种利益的冲突，村民之间、邻居之间、家庭之间和家庭内部，不可避免地会发生矛盾，如婚姻、家庭、继承、财产、宅基地、水利、土地、山林、损害赔偿等常见纠纷，还有轻微违法刑事纠纷。村民的纠纷不是根本利益冲突和对立，往往是局部利益或暂时利益引起的纠纷，村民委员会是村民自己选出的组织，受到村民信赖，并对本村情况和人际关系熟悉，有条件及时调解和解决，避免矛盾激化。

3. 协助政府维护社会治安

村委会要及时向人民政府反映村民的意见，提出建议。维护社会治安是公安机关的主要职责，但是由于我国地地域辽阔、人口众多，需要动员群众力量来参加社会治安管理，重点作好治安防范工作，广泛开展法制宣传和教育工作，深入开展社会治安综合治理工作。

（三）村务公开，村民行使监督权的有效途径

村民委员会作为村民自我管理、自我教育、自我服务的基层群众性自治组织。广大村民享有知情权、参与权、决策权和监督权，成为管理农村事务的主人。村民委员会应实行村务公开制度。村务公开分为政务公开、事务公开、财务公开。上级党委、政府的有关政策、规定情况，村干部工作目标，重大决策都应当公开。根据《村民委员会组织法》的规定，必须公开4项内容。

1. 村民会议或者村民代表会议开会讨论决定的事项和实施情况

具体包括：乡统筹的收缴办法，村提留的收缴及使用；本村享受误工补贴的人数及补贴标准；从村集体经济所得收益的使用；村办学校、村建道路等村公益事业的经费筹集方案；村集体经济项目的立项、承包方案及村公益事业的建设承包方案；村民的承包经营方案；宅基地的使用方案；村民会议认为应当由村民会议讨论决定的涉及村民利益的其他事项。

2. 国家计划生育政策的落实方案

村委会要向村民公开国家的生育、节育政策，年度人口计划，计划内一胎、二胎生育指标数量、条件、落实名单，超生子女费的征收和使用情况等。

3. 救灾救济款物的发放情况

村委会要向村民公开国家的有关政策，发放的对象和标准，上级拨来的款物的明细数量,领取者的名单和数量。

4. 水电费的收缴以及涉及本村村民利益、村民普遍关心的其他事项

如公开县级物价部门、电业局联合核定的本村电价,全村的购电量、用电量;干部和电工用电量、应交费额、实交费额;偷电处理情况;水费公开也照此办理。如村民关心的征兵、招生和乡镇或村办、中小学收费情况也应公开。

目前,一般村务公开事项已经扩展到了21项内容,其中的计划生育政策落实,救灾救济款物发放,宅基地使用,村集体经济所得收益使用,村干部报酬等事项,应继续坚持公开。同时,要根据农村改革发展的新形势、新情况,及时丰富和拓展村务公开内容,应将土地征用补偿及分配、农村机动地和"四荒地"发包、村集体债权债务、税费改革和农业税减免政策、村内"一事一议"筹资筹劳、新型农村合作医疗、种粮直接补贴、退耕还林还草款物兑现,以及国家其他补贴农民、资助村集体的政策落实情况,及时纳入村务公开的内容。农民群众要求公开的其他事项,也应公开。

财务公开是村务公开的重点,所有收支必须逐项逐笔公布明细账目,让群众了解、监督村集体资产和财务收支情况,给老百姓一个明白,还干部一个清白。为了加强对农村集体财务活动的管理和民主监督,促进农村经济发展和农村社会稳定,农业部和监察部联合下发了《村集体经济组织财务公开暂行规定》。对村级财务公开内容做出详细规定,主要包括:财务计划,各项收入,各项支出,各项财产,债权债务,收益分配,农户承担的集资款、水费、电费、劳动积累工、义务工及以资代劳等情况。

村务公开的形式法律法规没有明确规定,农村应坚持实际、实用、实效的原则,在便于群众观看的地方设立固定的村务公开栏。同时有条件的地区还可以通过广播、电视、网络、"明白纸"、民主听证会等形式公开。村务公开的时间,一般的村务事项定期公开,至少每季度公开一次,涉及农民利益的重大问题以及群众关心的事

项要及时公开。集体财务往来较多的村,财务收支情况应每月公布一次。时限较长事项,如修公路、建学校等,每完成一个阶段任务公布一次进展情况。

(四)村务公开的基本程序

村务公开要经过下列基本程序:

1. 村民委员会根据本村实际情况、依照法规和政策的有关要求提出公开的具体方案。

2. 村务公开监督小组对方案进行审查、补充、完善后,交由村党组织和村民委员会讨论确定。

3. 提交村民代表会议审议并通过。

4. 村民委员会以村务公开栏等形式及时公布。

村务公开后村委会应认真听取村民意见,对提出的意见和建议给予及时答复和改进。村民委员会应当保证公布内容的真实性,并接受村民的查询。村民委员会不及时公布应当公布的事项或者公布的事项不真实的,村民有权向乡、民族乡、镇人民政府或者县级人民政府及其有关主管部门反映,有关政府机关应当负责调查核实,责令公布;经查证确有违法行为的,有关人员应当依法承担责任。

(五)村应当建立村务监督委员会或者其他形式的村务监督机构

修改后的《村民委员会组织法》规定,村应当建立村务监督委员会或者其他形式的村务监督机构,负责村民民主理财,监督村务公开等制度的落实,其成员由村民会议或者村民代表会议在村民中推选产生,其中应有具备财会、管理知识的人员。村民委员会成员及其近亲属不得担任村务监督机构成员。村务监督机构成员向村民会议和村民代表会议负责,可以列席村民委员会会议。

法律明确规定,村民委员会成员以及由村民或者村集体承担误工补贴的聘用人员,应当接受村民会议或者村民代表会议对其履行职责情况的民主评议。民主评议每年至少进行一次,由村务监督机构主持。村民委员会成员连续两次被评议不称职的,其职务终止。

法律还对村民委员会和村务监督机构应当建立村务档案作出规定。法律明确,村务档案包括:选举文件和选票,会议记录,土地发包方案和承包合同,经济合同,集体财务账目,集体资产登记文件,公益设施基本资料,基本建设资料,宅基地使用方案,征地补偿费使用及分配方案等。

五、社会治安管理

(一)农村社会治安治理机构

治安状况的好坏可以体现一个地方的民风民俗,农村由于生产、生活方式的特殊性,村民联系紧密,民风淳朴,农村的治安状况比较稳定,但随着经济的发展,人们之间联系弱化,人口流动性的增加对农村社会治安产生不利影响。公安机关、乡派出所和村民委员会肩负着维护农村治安的任务。

为了加强社会治安,维护公共秩序,保护公共财产,保障公民权利,市、县公安局可以在辖区内设立公安派出所。公安派出所是市、县公安局管理治安工作的派出机关。公安派出所应当对居民住宅区的管理单位、居民委员会、村民委员会履行消防安全职责的情况和上级公安机关授权管理的单位进行消防监督检查。治安管理处罚由县级以上人民政府公安机关决定;其中警告、五百元以下的罚款可以由公安派出所决定。

社会治安综合治理是组织、动员全社会力量,预防和治理违法犯罪,化解不安定因素,确保社会稳定的一项系统工程。社会治安综合治理是解决我国社会治安问题的根本出路。各级人民政府应当加强社会治安综合治理,采取有效措施,化解社会矛盾,增进社会和谐,维护社会稳定。

(二)村民委员会在社会治安综合治理中的职责

村民委员会应当建立健全治安保卫组织,即治安保卫委员会。村民委员会在社会治安综合治理中履行下列职责。

1. 宣传、贯彻执行有关法律、法规和方针、政策。

2. 组织制定村规民约,并监督执行

村规民约一般包括思想教育方面,热爱祖国、热爱共产党、热爱社会主义、热爱劳动、爱护公物、爱护集体财产等。维护社会秩序方面,遵守法规、不偷盗、不赌博、不吸毒、不打架斗殴,维护公共秩序。社会公德方面,讲礼貌、尊老爱幼、团结互助,帮助贫困户,不虐待妇女儿童,户户争当“五好家庭”。精神文明建设方面,讲文明、讲卫生,搞好生活和生态环境的美化绿化,学文化、学科学,移风易俗,反对封建迷信。履行法律义务方面,依法服兵役,严格履行土地承包合同,提倡晚婚晚育、少生优生优育、搞好计划生育等内容。

3. 进行防盗、防火、防破坏、防自然灾害事故等安全教育,提高群众自防、自治能力。

4. 加强对治安保卫组织的领导,组织群众开展安全防范工作。

5. 协助公安、司法机关监督、考察被依法判处管制、有期徒刑宣告缓刑、监外执行、假释的犯罪人员和被监视居住、取保候审人员。

6. 配合有关部门,查禁卖淫嫖娼,严禁制作、运输、走私、贩卖毒品和淫秽物品,禁止吸食、注射毒品,禁止赌博和利用封建迷信骗钱害人等社会丑恶现象;做好本单位的吸食、注射毒品人员的戒毒工作和戒除毒瘾的巩固工作。

7. 教育、管理刑满释放人员、解除劳动教养人员和有轻微违法行为的人员。

8. 做好辖区内青少年和社会闲散人员的教育管理工作。

9. 及时报告社会治安情况,反映村民对社会治安综合治理工作的意见和要求。组织村民协助公安机关做好治安防范、调查各种案件、管理常住和暂(寄)住人口。

10. 办理社会治安综合治理的其他事项。

(三)建立村综合治理工作组织网络

社会治安综合治理需要发动群众,不能仅依靠专门机关的力量,需要建立村综合治理工作组织网络,实现各种力量的有效整合。结合本地实际,成立村社会治安综合治理领导小组,由村委会主任任组长,村委会副主任任副组长,成员有村治保委员会和调解委员会主任、妇代会主任、民兵连长和团支部书记等。

村社会综合治理领导小组下设村综合治理协调室,由治保调解主任兼任村综合治理协调室主任。村综合治理协调室应建立综合治理领导小组例会制度、综合治理信息员报告制度等各项工作制度。还应注重基础硬件设施建设,使本村的综合治理力量得到有效整合。积极主动地配合治保调解干部做好外来流动人口的登记、催促办证等工作,特别是对租住在村边偏僻处农户家的外来人口管理,应发挥作用。在外来人口遇到困难时,应尽最大努力为他们提供帮助,及时调解涉及外来人口工资纠纷、房租费用引发的纠纷等,使他们能够感受到来自第二故乡的温暖。

六、信访管理与民间纠纷调解

(一)农村信访既是公民维权的手段,又是监督政府的方式

国家建立信访制度是为了保持各级人民政府同人民群众的密切联系,保护信访人的合法权益,维护信访秩序。国务院《信访条例》规定信访是指公民、法人或者其他组织采用书信、电子邮件、传真、电话、走访等形式,向各级人民政府、县级以上人民政府工作部门反映情况,提出建议、意见或者投诉请求,依法由有关行政机关处理的活动。

县级以上人民政府应当设立信访工作机构,县级以上人民政府工作部门及乡、镇人民政府应当按照有利工作、方便信访人的原则，确定负责信访工作的机构（以下简称信访工作机构）或者人员，具体负责信访工作。

（二）信访工作机构的职责

县级以上人民政府信访工作机构是本级人民政府负责信访工作的行政机构，履行下列职责：一是受理、交办、转送信访人提出的信访事项；二是承办上级和本级人民政府交由处理的信访事项；三是协调处理重要信访事项；四是督促检查信访事项的处理；五是研究、分析信访情况，开展调查研究，及时向本级人民政府提出完善政策和改进工作的建议；六是对本级人民政府其他工作部门和下级人民政府信访工作机构的信访工作进行指导。

（三）信访人的主要权利

信访权利是法律赋予公民在信访活动中可以从事某些活动的自由和资格。信访人的主要权利有：一是依法反映情况，提出建议、意见或者投诉请求的权利；二是依法信访不受打击报复的权利；三是就行政机关的行政行为及其工作人员的职务行为提出信访事项的权利；四是查询信访事项办理情况的权利；五是就信访事项受理、办理情况得到书面答复的权利；六是要求对办理信访事项有直接利害关系的工作人员回避的权利；七是检举、揭发材料及有关材料不被透露或者转给被检举、揭发的人员或者单位的权利；八是反映的情况，提出的建议、意见，对国民经济和社会发展或者对改进国家机关工作以及保护社会公共利益有贡献的，得到奖励的权利；九是事实清楚、法律依据充分的投诉请求得到支持的权利；十是对信访事项处理不服，要求复查、复核的权利。

（四）信访人不得从事的行为

信访人在信访过程中应当遵守法律、法规，不得损害国家、社会、集体的利益和其他公民的合法权利，自觉维护社会公共秩序和信访秩序，不得有下列行为：

1. 在国家机关办公场所周围、公共场所非法聚集，围堵、冲击国家机关，拦截公务车辆，或者堵塞、阻断交通的；

2. 携带危险物品、管制器具的；

3. 侮辱、殴打、威胁国家机关工作人员，或者非法限制他人人身自由的；

4. 在信访接待场所滞留、滋事，或者将生活不能自理的人弃留在信访接待场所的；

5. 煽动、串联、胁迫、以财物诱使、幕后操纵他人信访或者以信访为名借机敛财的；

6. 扰乱公共秩序、妨害国家和公共安全的其他行为。

信访人在信访活动中不能破坏信访秩序，不能以为“大闹大解决，小闹小解决”，应当按照规则行事，遵守法律和有关规定。关于各级人大的信访工作，国家目前尚没有制定统一的法律，各级人大机关一般是按照相关选举法、组织法和参考国务院的《信访条例》来办理信访问题，程序和行政信访相同，经过接待、受理、承办、书面答复信访人和上级信访工作机构督办等几个环节。

（五）农村信访的具体受理机关

农村信访主要集中在农村土地纠纷、财务问题、农民负担、村委会和基层干部违法违纪和普通涉法涉诉等几大问题。根据相关法律法规，具体受理机关主要包括下列内容。

1. 涉及超生、早育，计划生育中违法乱纪，结扎后遗症等，乡（镇）或街道计划生育办公室有权处理，问题较严重的，可以直接由县（市、区）计划生育局（委）处理。

2. 涉及公办、民办教师问题，学籍处理，招生，大专毕业生分配等问题，由县（市、区）教育局以及教育局下属的招生办公室负责。

3. 涉及军烈属、残废军人、复退军人要求优抚安置、补发证件，要求解决生活困难等问题，由县（市、区）民政局处理。

4. 涉及农村经济和土地调整等农村政策问题，由县（市、区）农委解决。

5. 关于征占地补偿问题，由县（市、区）土地局负责。

6. 涉及劳保工资、劳动福利、工伤争议、劳动就业等问题，由县

(市、区)劳动和社会保障局负责。

7. 涉及水利纠纷,应由问题发生地的县(市、区)水利局处理。

8. 涉及水库移民安置等问题,由当地建委下设的移民办负责。

9. 涉及拆迁、城镇建设、环境污染问题,应由县(市、区)城建环保局处理。

10. 涉及医疗事故问题,县(市、区)卫生局或事故发生地卫生局有处理权。

11. 涉及盲聋哑人、残疾人员就业安置问题,县(市、区)残联负责。

12. 涉及城镇房屋管理和私房改造等纠纷,县(市、区)房地产管理局有权处理。

13. 反映问题涉及几个部门,或者问题不好归口,无口可归,以及重大疑难问题,信访人可以直接向县(市、区)信访办投诉要求解决。

2008 年 7 月,中共中央纪律委员会发布了《关于违反信访工作纪律适用〈中国共产党纪律处分条例〉若干问题的解释》,监察部、人力资源和社会保障部、国家信访局联合发布了《关于违反信访工作纪律处分暂行规定》。针对当前信访工作中有些干部存在的官僚主义、形式主义以及漠视群众疾苦的现象,文件规定要严格执行处理信访突出问题及群体性事件工作责任制,切实落实领导责任,惩处信访工作违纪行为,维护信访工作秩序,保护信访人合法权益,促进社会和谐稳定。

(六)春风化雨,调解农村邻里纠纷

农村村民之间的民事纠纷主要集中在家庭、房屋和经济往来方面,一般人追求的是“大事化小,小事化了”。不爱把事情闹大,不爱打官司。出现纠纷可以选择的解决方式多种多样,有自行和解、主动放弃争执、由村里有威望的人或者村委会从中调解和民事诉讼等方式。

1. 人民调解的定义

人民调解是指在人民调解委员会的主持下，以国家的法律、法规、规章、政策和社会公德为依据，对民间纠纷当事人进行说服教育、规劝疏导，促使纠纷各方当事人互谅互让、平等协商、自愿达成协议，消除纷争的一种活动。

2. 农村村民委员会设立人民调解委员会

乡镇、街道也设立了人民调解委员会。人民调解委员会是基层人民群众的自治性组织，而不是国家机关。人民调解委员会的任务是调解民间纠纷，包括发生在公民与公民之间、公民与法人和其他社会组织之间涉及民事权利义务争议的各种纠纷；通过调解工作宣传法律、法规、规章和政策，教育公民遵纪守法，尊重社会公德，预防民间纠纷发生。人民调解工作原则包括双方当事人平等自愿原则，人民调解委员会依法调解原则，不限制当事人诉讼权利原则。

3. 纠纷当事人的权利

在人民调解活动中，纠纷当事人享有下列权利：自主决定接受、不接受或者终止调解；要求有关调解人员回避；不受压制强迫，表达真实意愿，提出合理要求；自愿达成调解协议。

4. 纠纷当事人的义务

在人民调解活动中，纠纷当事人承担下列义务：如实陈述纠纷事实，不得提供虚假证明材料；遵守调解规则；不得加剧纠纷、激化矛盾；自觉履行人民调解协议。

5. 费用问题

人民调解委员会调解民间纠纷不收费。司法行政机关依照《人民调解工作若干规定》对人民调解工作进行指导和管理。指导和管理人民调解委员会的日常工作，由乡镇司法所（科）负责。

6. 机构设置

村民委员会的人民调解委员会根据需要，可以以自然村等为单位，设立调解小组，聘任调解员。乡镇人民调解委员会委员由下列人员担任:本乡镇辖区内设立的村民委员会的人民调解委员会主任;本乡镇的司法助理员;在本乡镇辖区内居住的懂法律、有专长、热心人民调解工作的社会志愿人员。村民委员会的人民调解委员会调解不了的疑难、复杂民间纠纷和跨地区的民间纠纷,由乡镇人民调解委员会受理调解,或者由相关的人民调解委员会共同调解。

群众甘苦无小事,许多表面上看是鸡毛蒜皮的小事,处理不好,就可能由民事纠纷转成刑事案件,酿成滔天大祸。农村工作者应该把群众的"小事"放在心上,用智慧、热情和春天般的话语化解农村百姓的邻里纠纷。农村工作者除自己参与调解工作外,还可以依靠村里的老党员、老干部、学法积极分子组成志愿调解员队伍,开展矛盾纠纷排查、调解工作,把矛盾纠纷消除在萌芽状态,实在解决不了的,也应耐心引导村民通过合法途径去解决,有效防止矛盾升级。还可以把调处矛盾纠纷的责任落实到村民小组内部,真正做到抓早、抓小、抓苗头和"小事不出组,大事不出村"。

实例:民主选举,用细节确保公正

2011 年 7 月,江西省瑞金市新一轮县乡人大换届选举完成。县乡两级人大代表换届选举,认真贯彻新修改的选举法,科学划分选区,做细选民登记,依法推荐、确定代表候选人,广泛组织代表候选人与选民见面,严格按照法定方式和程序组织投票,充分保障广大选民依法行使当家做主的民主权利。

1. 科学划分选区、合理分配名额

瑞金自 2011 年 3 月份启动选举工作后,相应调整了选区划分,共划分市代表选区 133 个、乡级代表选区 541 个,产生县级正式代表候选人 353 名、乡级正式代表候选人 1 644 名。江西省的县乡人大代表换届选举的选区是按照每一选区选一名至三名代表来划分的,同一行政区域内各选区每一代表所代表的人口数大体相等,同时注意做到便于选民参加选举活动，便于选举活动的组织，便于选出的代表联系选民、开展活动、接受监督。为了优化代表结构，保证基层代表和妇女代表的比例比上一届有所上升，党政干部代表比例有所下降，少数民族代表、归侨代表比例按照法律规定予以保证，瑞金市要求，代表候选人中的中共党员一般不超过65%，妇女代表一般不低于25%。为了做好选民登记工作，瑞金市沙洲坝镇采取了“四对四查一公榜”的做法，即对照上一届选民登记情况作基础，对照户口信息、对照新农合资料、对照“民情台账”补缺漏；采取召开村干部、送温暖送技术送服务“三送”干部、村民小组长会议和工作人员上户的方式进行四次核查，统一进行选民名单张榜公布，确保选民登记不漏、不错、不重。目前，这些做法在瑞金各乡镇非常普遍。对于外出务工的选民，则通过打一个电话、发一则短信、邮一封平信的方式，告诉他们选举信息，动员他们积极回家参选或者委托他人投票。到选举日前夕，整个瑞金市的选民登记总数为442 450人，其中常年在外经商务工的流动人员达到106 211人。

2. 候选人同等对待、直接面对选民

在瑞金市的实践中，有的地区即使选民没有提出要求，选举委员会也主动组织了见面活动。在叶坪乡田坞村，沙洲坝镇沙洲坝村、官山村等选区，记者看到，选举委员会都组织了市乡代表候选人与选民见面活动。在主持人介绍候选人基本情况及候选人自我介绍后，代表候选人一一回答了选民或选民代表提出的各种问题。叶坪村的两个选区共有乡人大代表候选人9名，其中有2名是选民联名推荐的，这2名代表候选人和其他几名候选人一样参加了见面会，并作自我介绍。

3. 公开唱票计票、当场公布结果

“收到村里的通知后，就赶紧收拾行李，回来参加这次人大代表选举投票。”6月22日，在叶坪乡田坞村的投票现场，平时在广东汕头打工的曾新某某，今年50岁，为了参加这次选举特意请了几天假回来。叶坪乡光荣院（敬老院）里的选民是在流动票箱投的票。叶坪乡光荣院现有登记的选民64名，由于年岁较大，大多行动不便，因此选举工作组在这里设立了流动票箱，确保老人们能投出自己的一票。这些选票仍然需要与投票站和选举大会的选票一起在监票人、计票人以及相关人员在场的情况下，同时开箱，一并计票。

最终，经过选举，瑞金市产生市人大代表220名，乡级人大代表1 103名。2011年7月初，江西省100个县(市、区)中的大多数已基本完成了县乡两级人大代表选举工作。这些地区都严格按照法律规定的方式和程序组织投票：由市县统一制作票箱，规范选票设计，规范流动票箱的使用和管理，公开唱票计票，当场公布选举结果，确保选举的公平公正。

专题八　农村宗教事务管理

一、农村宗教事务管理概述

（一）有关宗教事务的几个基本概念

我国是一个多宗教的国家，在长期历史发展中，先后形成及传播到我国的有佛教、道教、伊斯兰教、天主教、基督教等宗教。据统计，目前我国共有各种宗教信徒1亿多人，宗教活动场所8.5万余处，宗教教职人员约30万人，宗教团体3 000多个，培养宗教教职人员的宗教院校74所。宗教工作是党和国家的工作中的重要组成部分，在党和国家事业发展的大局中有着重要的地位。做好农村宗教工作，关系到加强党同人民群众的血肉联系，关系到加强民族团结、保持社会稳定、维护国家安全和祖国统一。国务院2004年制定了《宗教事务条例》，全国有近20个省制定了关于宗教事务管理的地方性法规，保护公民宗教信仰自由权利。

1. 宗教事务

宗教事务是指我国行政区域内佛教、道教、伊斯兰教、天主教和基督教与国家、社会、公民之间的公共事务。

2. 宗教团体

宗教团体是指依法成立的佛教协会、道教协会、伊斯兰教协会、天主教爱国会和天主教教务委员会、基督教三自爱国运动委员会和基督教协会等宗教组织。

3. 宗教活动场所

宗教活动场所是指开展宗教活动的佛教寺阉、道教宫观、伊斯兰教清真寺、天主教教堂，基督教教堂及其他固定处所。

4. 宗教活动

宗教活动是指信仰宗教的公民按照宗教教义、教规或者习惯，在宗教活动场所或者县级以上人民政府主管宗教事务的部门依法认可的临时场所内进行的活动，以及按宗教习惯在家中过宗教生活。

5. 宗教财产

宗教财产是指宗教团体、宗教活动场所合法使用的土地，合法所有或者使用的房屋、构筑物、设施，以及其他合法财产、收益，受法律保护。任何组织或者个人不得侵占、哄抢、私分、损毁或者非法查封、扣押、冻结、没收、处分宗教团体、宗教活动场所的合法财产，不得损毁宗教团体、宗教活动场所占有、使用的文物。

（二）我国宗教信仰自由政策的基本内容

1. 公民有宗教信仰自由，任何组织和个人不得强制公民信仰宗教或者不信仰宗教，不得歧视信仰宗教的公民和不信仰宗教的公民。信教公民和不信教公民、信仰不同宗教的公民和不同教派的公民应当互相尊重，和睦相处。

2. 国家依法保护正常的宗教活动，维护宗教团体、宗教活动场所和信教公民的合法权益，任何人不得侵犯。

3. 宗教必须在宪法、法律和政策范围内活动。

4. 各宗教一律平等。

5. 宗教与国家政权分离。

6. 国家保护一切在宪法、法律和政策范围内的正常的宗教活动。

7. 无神论与有神论之间相互尊重。

8. 宗教团体和宗教事务不受外国势力的支配。

二、当前农村宗教事务规范化管理存在的问题

（一）宗教事务管理不规范

一是对宗教人士的任用管理把关不严。二是对宗教人士学习培训管理不严。部分宗教人士曾多次参加各级宗教管理部门举办

的学习培训班，但学习后没有达到实际效果。三是对宗教场所监督管理不力。相关部门没有按要求对宗教人士和宗教活动场所进行监督检查。

（二）各项宗教事务管理制度贯彻落实不到位

一是宗教管理部门和乡镇工作不协调。县宗教管理部门对农村宗教管理基本上实行一竿子插到底。宗教人士一年两次考核评议、宗教活动场所年度检查等宗教管理措施在部分农村没有认真落实。二是“两项制度”落实不力。有关主管部门对“两项制度”平时疏于检查落实，工作指导较少，未能做到职能监管到位。

（三）基层干部群众对宗教稳定工作缺乏必要的警惕性

一是宗教氛围浓厚。如在新疆尤其是南疆偏远贫困农村宗教氛围浓厚，农村信教群众比重较大，群众的精神面貌差，经济落后，社会政治稳定工作抓得不紧。一些村干部平时工作积极性不高，立场坚定、旗帜鲜明地与非法宗教活动做斗争的意识不强，存在对宗教工作“不愿管、不敢管、害怕管”的倾向。二是对农村重点户、重点人口的监管力度不够，掌握思想动态不深。在开展宗教工作方面存在搞形式的现象，依法加强对宗教事务的管理工作在部分农村没有切实得到落实，没有定期组织宗教人士、重点人口和信教群众参加政治学习、召开座谈会，掌握宗教人士、重点人口和信教群众的思想动态。三是宗教管理各相关单位相互协调不够，不能齐抓共管，未能形成有效的合力。宗教管理相关单位没有认真履行职责、发挥各自应有的作用，致使宗教管理工作责任划分不清，追究乏力。

（四）基层干部群众对宗教工作缺乏政治敏锐性

一是基层干部群众对一些非法宗教活动的警惕性不高，容易被一些披着合法宗教外衣的非法宗教活动表象所蒙蔽。二是一些农村领导干部对稳定工作产生了麻痹思想，把主要精力放在了抓农业生产上，对社会稳定工作和依法管理宗教工作有所放松，工作力度减弱。三是境外宗教势力利用宗教进行渗透活动，新教派的传播，将冲击现有的宗教、教派格局，容易引发更大的矛盾纠纷发生，必须引起高度重视和警惕。

三、加强对农村宗教事务引导和管理的措施

（一）认真学习贯彻党的宗教政策，加大宣传教育力度

各级党委和政府要利用新闻媒体等宣传阵地，采取多种形式对基层干部群众加强宗教政策和法律法规的宣传教育，以提高广大干部和群众对宗教问题的认识，增强政治观念、政策观念、法制观念。使基层干部群众都能分清宗教与迷信、合法宗教活动与非法、违法宗教活动、宗教信仰自由与宗教活动自由、宗教信仰自由与民间信仰等界限，大力宣传党的宗教信仰自由政策和“维护法律尊严、维护人民利益、维护民族团结、维护国家统一”的原则，从而正确认识、对待、处理好宗教问题，确保党的宗教政策、法律法规在基层得到全面落实。

（二）强化宗教工作责任工作机制

为确保宗教活动规范有序进行，必须注重长效管理，强化措施，划定责任，全面落实“分级负责，属地管理”的宗教工作机制，形成县、乡、村及有关部门齐抓共管的宗教工作格局。根据《国务院宗教事务条例》，结合实际制定出台相应的实施细则，使宗教事务管理有法可依、有章可循。宗教工作重点在农村，重视农村宗教管理网络建设，各乡镇要建立和完善各项宗教工作制度，与村、寺管会签订目标责任书，成立宗教矛盾纠纷排查调处小组，充分发挥农村两级组织在农村一线的作用，及时化解各类争端和纠纷，把问题解决在萌芽状态。

（三）强化依法行政意识，对宗教事务的管理规范化

1. 落实宗教工作管理责任制

各级政府及宗教管理部门要全面建立和落实宗教工作“三级网络两级责任制”，做到层层有人管，事事有人抓。凡有宗教工作

任务的乡（镇）、村（社区）都要有人分管宗教工作，任务重的乡（镇）要配备专（兼）职干部具体抓宗教工作。

2. 进一步规范对宗教活动场所的管理

严格宗教活动场所翻建、扩建的申报审批程序，坚决制止乱建宫观、寺、庙和因宗教内部矛盾引发的分坊建寺现象发生。宗教活动场所的教务、财务实行信教群众民主管理。

3. 逐步规范跨地区宗教活动和大型宗教活动

教育引导信教群众坚持"小型、就地、从简、自愿"的原则，参加活动履行报批手续，有关部门要提前介入，搞好服务，避免因交通等因素造成群众损失，切实维护群众安全和社会稳定。

4. 依法打击非法传教活动

坚决抵御境外利用宗教进行渗透活动，坚决打击一切在宗教外衣掩盖下的违法犯罪活动。

（四）积极做好引导工作，使宗教与社会主义社会相适应

落实党的宗教政策，依法加强对宗教事务的管理，与宗教界人士建立"肝胆相照，荣辱与共"的合作共事关系，支持他们积极参加经济建设的活动，引导其在宪法、法律、政策允许的范围内活动，求大同、存小异。大力实施科教兴县，科技富农政策，努力推动少数民族聚居地区的经济、科技文化教育事业的发展。

（五）加强宗教团体自身建设，充分发挥其作用

一是采取有计划地举办学习班、组织学习竞赛等形式多样的活动，对宗教活动场所负责人、宗教教职人员、骨干信教群众开展持之以恒的宗教法规教育，使宗教界学法、用法、守法的意识逐步得到提高。二是强化对宗教界上层人士的培训，提高宗教界骨干的业务素质，增强管理意识和水平，通过他们在信教群众中发挥桥梁和纽带作用。调动宗教界和广大信教群众的积极性和创造性，把意志和力量集中到本地区的改革与发展上来，集中到维护社会稳定和民族团结这两大目标上来。三是发挥宗教团体的指导、协调作用，加强各教派之间、教派内部的团结。注意发挥其联系团结宗教界人士和信教群众的桥梁纽带作用，积极配合党委、政府工作，引导宗教人士对教义思想做出符合时代进步的阐释。

实例：灵宝市着力以“三个三”做好宗教工作

近年来，河南省灵宝市统战、宗教部门紧紧围绕抓网络、打基础，抓管理、促适应，抓引导、求实效的工作思路，积极履行职责，正确引导宗教与社会主义社会相适应，收到了明显成效。一是健全管理网络，实施“三个一”工作法。建立健全乡（镇）宗教工作领导小组17个，行政村村管小组400个，配备专（兼）职宗教干部390人，在工作实践中，建立了村管小组与宗教活动场所负责人每月碰一次头，每季度向乡（镇）宗教工作领导小组书面汇报一次，每月排查一次不稳定因素的工作法，实施乡（镇）宗教工作季度分析制度，形成了横向有人抓，纵向有人管，上下联动，齐抓共管的工作格局。二是加大宗教法规政策宣传力度，着力提高“三支队伍”素质。采取多种形式在宗教界开展讲历史、讲国情、讲法律、讲政策、讲团结活动，使信教群众与不信教群众统一思想，提高认识。三是完善宗教工作信息网络，以“三条线”加大查邪治非力度。在全市各行政村和各宗教活动场所都设立了信息员，公安机关在重点区域、重点场所、重点人群中设立特情。坚持实施宗教工作领导小组、爱国宗教团体和公安机关三条线排查不稳定因素，形成了打防并举，内外联动的工作网络，及时对邪教组织活动进行调查监控，有效地防止了非法宗教活动的侵入。

参考文献

[1]佚名．门头沟区加强农村社会管理 推动农村经济发展．千龙网．2011－06－22

[2]佚名．探索创新社会管理的长效机制．http://news.ifeng.com.2011－07－22

[3]杨华祥，杨华君．当前农村义务教育的现状与对策研究．http://pep@pep.com.cn.2011－07－07

[4]苟永和．对加快发展农村文化事业的思考．www.chinaqking.com.2008－12－18

[5]叶娟娟．“四个一批”引领农村精神文明建设．www.he.xinhuanet.com.2011－07－09

[6]胡巨成，段发广，骆中宪．新农保“罗山模式”行之有效．http://www.farmer.com.cn．2009－08－21

[7]国务院研究中心．构建和完善我国农村社会保障制度的若干思考．http://www.lhzq.com/index.2007－08－08

[8]曾庆福．完善我国农村社会救助制度的思考．《魅力中国》，2009－9

[9]辛瑞萍．试论中国农村社会救助制度的完善．中国社会救助网．http://www.dibao.org.2007－04－12

[10]林明达．人口计生：建设新农村的基础性工程．金黔在线—贵州日报，2006－08－24

[11]佚名．农村改革发展成就：人口和计划生育工作成就显著．中国政府网．http://www.sina.com.cn.2009－03－18

[12]田承林．加强农村生态环境资源保护，扎实推进新农村建设——以上犹县陡水镇为例．http://www.ganzhou.gov.cn. 2010－02－01

[13]佚名.《现代农业基础知识》内容节选. http://theory. southcn. com. 2010 - 10 - 19

[14]徐桂珍．浅析师宗县农业科技推广现状与发展思路．http://www. ynagri. gov. cn. 2009 - 10 - 9

[15]马原．浙江拟十二五末实现社保一卡通．青年时报．2011 - 01 - 17

[16]杨慧敏．甜蜜的事业比蜜甜——人口计生工作科学发展．江门日报,第7005期,A3版

[17]佚名．关于提高法制宣传教育工作实效性的几点思考．http://www. bjsf. gov. cn. 2008 - 04 - 23

[18]魏明波．郧西县从四个方面加强对农村宗教事务的引导和管理．http://www. mzb. com. cn. 2011 - 04 - 28

[19]中共阿瓦提县委组织部．农村宗教事务管理存在的问题及对策．http://www. awtdj. gov. cn. 2007 - 2 - 25

[20]秦佩华. 民主选举,用细节确保公正．http://cpc. people. com. cn. 2011 - 07 - 06

[21]李成贵．农村社会事业管理实务．北京:中国农业出版社．2008

[22]潘丹．农村社会事业工作者手册．北京:中国农业出版社．2010

[23]任大鹏．中国农村村政与村务管理读本．北京:高等教育出版社．2010

[24]王大伟．进一步加强农村法治建设保障和促进农村经济社会又好又快发展．http://www. sina. com. cn. 2009 - 02 -13